网络群体互动的机制及引导策略

杨宇辰 / 著

Mechanism and Guiding Strategy of
Network Group Interaction

社会科学文献出版社
SOCIAL SCIENCES ACADEMIC PRESS (CHINA)

|目 录|

导　论 / 001

第一章　网络群体互动的内在机制 / 005

　　第一节　网络群体互动的群体心理感染机制 / 005

　　第二节　网络群体互动的传播机制 / 015

　　第三节　网络群体互动的议程设置 / 023

第二章　网络群体互动的数据治理 / 033

　　第一节　大数据技术助力网络群体互动的风险预警 / 034

　　第二节　大数据技术助力网络群体互动的风险应对 / 042

　　第三节　大数据技术助力网络群体互动的风险防范 / 044

第三章　网络群体互动的社会治理 / 049

　　第一节　多元治理主体的横向联结 / 049

　　第二节　网络群体的弹性治理 / 054

　　第三节　网络舆论的有效引导 / 063

第四章　网络群体互动的法律治理 / 078

　　第一节　依法治网的意义和价值 / 078

第二节 走中国特色依法治网之路 / 080

第三节 积极推动以德入法 / 087

第五章 网络群体互动的道德治理 / 091

第一节 强化网络道德规范建设 / 091

第二节 营造友善诚信的网络道德生活氛围 / 108

第三节 完善道德的自我教育与社会教育 / 116

第四节 在中国式现代化进程中加强公民道德建设 / 133

结论及余论

网络命运共同体——网络治理的未来面向 / 149

参考文献 / 152

导　论[*]

2024 年是互联网诞生 56 周年。半个多世纪以来，互联网改造了人们的生活世界；不远的未来，元宇宙还会给人们构造出一个虚拟新世界。但网络技术如此诡异，它一面提供给人们空前自由的环境、极大丰富的信息，另一面却通过协同过滤使人们日益受困于"信息茧""过滤泡泡"中难以脱身；它构建了一个高度联结的全球"共同家园"，却又使人们日益封闭在同质化圈层中，形成了一个个"数字部落"。这些"部落"之间的对抗、分歧以群体态度和行为极端化偏移的方式加以表达。网络的技术特征、组织特征与交往特征都指向了风险叠变。不同类型的风险在网络传播中会产生交互叠加影响，这种相互影响关系极其复杂，既具有规律性，又具有偶发性与随机性，使网络社会呈现出高风险社会的特点。

首先，网络社会具有开放性特征。开放性是互联网的根本特性。整个互联网以分布式方式构建，各个网络节点之间不存在从属关系，形成了扁平化、无中心的构架方式与自由开放的空间特征。这不仅在技术层面为信息自由流动提供了保障，更从深层次对主流意识形态构成挑战。在网络上，信息不再由政府主导和预设，每个人都能

＊ 本部分内容刊发于《理论导刊》2021 年第 6 期，题为《网络意识形态风险叠变：生成机理及治理创新》，被腾讯网等网络平台转载，本书作者为该文唯一作者。本书引用该文内容时有所改动。

够不经政府审核、检查、修改就对外发布信息，交流的时间和方式也更为灵活。政府在获取和控制信息方面的优势被削弱，各种意识形态均可在网络上自由传播，如美国传播学者菲德勒所说："互联网已使有无政府、反社会或搞阴谋倾向的人，通过与其他有同样信仰的人的网上联盟，得以加强他们常常偏执和狭隘的世界观。"① 在现实生活中，受限于信息传输途径，人们接收信息的数量有限，且周期较长。彼时舆论呈单向传播模式，信息制造具备较高专业性，主导性和可控性也较强，所以人们通常接收的主流信息较多，其他信息较少。

网络在信息供给总量上，拥有传统社会难以企及的优势。然而，网络信息存在缺乏有效组织与专业编辑的问题，质量参差不齐。信息传播方向更为多元，还充斥着大量模糊不清、真假难辨的内容。尽管人们掌握了信息选择的自由，却容易因信息超载而陷入自我迷失，信息鉴别能力随之降低，这就使得一些不良思想、文化和价值观有机可乘，进而对人们产生影响。

其次，网络社会具备流动性特征。网络空间和传统社会空间在结构上存在根本性差异。卡斯特将网络空间称为"流动空间"（space of flows），将传统社会空间称为"地方空间"（space of places），并指出，尽管人们"确实依然生活在地方里，但是，由于我们社会的功能与权力是在流动空间里组织，其逻辑的结构性支配根本地改变了地方的意义与动态"②，也就是网络空间的流动性架构，打破了基于地方空间所构建的社会规则与框架。一方面，网络信息处于持续流动状态，海量信息汇聚成繁杂的信息流，呈现出几何级数增长的网状流动态势，传播速度极快，辐射范围极为广泛。另一方面，网络中的人员具有流动性，他们能够凭借不同身份自由进出网络空间，每个网民

① 〔美〕罗杰·菲德勒：《媒介形态变化：认识新媒介》，明安香译，华夏出版社，2000，第 158 页。
② 〔英〕曼纽尔·卡斯特：《网络社会的崛起》，夏铸九等译，社会科学文献出版社，2006，第 524 页。

都成了传播的节点。这种高流动性使网络演变成一个由众多变量交互影响的复杂系统。这些变量不仅来源繁杂、形式多样，而且流动迅速、流向多变。某些看似微小的信息、普通网民的参与，或是偶然性因素的介入，都有可能成为巨大风险的源头，甚至引发风险的突变与转向。在网络传播的任何环节，都可能出现信息的扭曲、夸大、渲染以及谣言传播等情况，进而引发难以预测的连锁反应，这使得网络空间中风险的产生和演变呈现出一种混沌状态，进一步增加了网络风险的变异性与不确定性。

再次，网络社会具有技术性特征。习近平总书记强调："网络安全和信息化是一体之两翼、驱动之双轮。"① 现实的社会实践活动，是在相对稳定的物理空间中开展的物质性活动。虽然在网络上进行活动的主体，来自现实世界且具有物质性，但活动空间并非现实空间，而是由 0 和 1 代码构成的虚拟空间。虚拟空间依托技术架构而成，网络技术是网络空间得以存在的基础。而科学技术本身蕴含着风险②，风险性是科学技术的内在属性之一。技术应用的迅猛发展与人们对技术认识能力的有限性之间的冲突，是众多风险的根源。虚拟空间是对现实世界的虚拟映射，这种映射可能完全真实，也可能是经过编辑、歪曲甚至虚构的。这使得网络空间的活动存在极大的不稳定性。一方面，计算机操作系统存在安全隐患。操作系统是计算机正常运行的根基，但其构成极为复杂。受人类理性的局限，在编写相关模块和程序时难免出现漏洞。系统漏洞不仅面临被攻击的风险，操作系统中的远程调用功能、后门程序等还可能使计算机遭受监控与破坏。另一方面，网络技术存在安全风险。互联网协议和应用软件同样存在技术漏洞。当前网络安全技术的提升速度滞后于网络技术应用的发展速度，导致网络技术基础十分薄弱。特别是移动端设备，由于空间和技术受限，安全功能水平提升无法与移动互

① 《习近平谈治国理政》，外文出版社，2014，第 197 页。
② 黄少华：《网络空间的后现代知识状况》，《宁夏党校学报》2005 年第 5 期。

联网应用发展同步，信息泄露的风险更高。人们对互联网的依赖程度越高，互联网活动越丰富，互联网上的信息越多，安全隐患也就越大。

最后，网络社会具有冲突性特征。网络主体的多元性必然引发网络价值的多指向性。网络社会的多元性是网络空间开放性的必然结果。网络社会具有主体多元性的特点，即网络活动主体在自然属性及社会属性方面呈现出多样性和多层次性。在现实社会中，尽管基于生产关系的多层次性，社会价值存在多种形式，但在特定社会和特定历史阶段，主流社会价值占据主导地位，存在多数人共同遵循的社会规范。网络主体的多元性使得不同种族、宗教、意识形态和生活方式的网民在同一空间传播多种价值，各种价值观都获得了平等的表达权利，社会价值呈现出多样化的特征。一些在现实社会中属于非主流的价值观念，在网络上也获得了自由表达和传播的机会，甚至因其"新颖""怪异""非主流"等特点更具吸引力，在传播上具有独特优势，进而导致主流价值的影响力被削弱。同时，网络多元化、跨越国界的存在方式也在无形中弱化了人们的民族意识和国家认同。如此一来，网络多元化的聚众效应放大了现实生活中的价值冲突，形成了众声喧哗的网络意见环境。跨文化交流也是网络社会冲突性的重要来源。文化冲突是多种文化在交流过程中必然存在的现象。在传统社会，文化的封闭性较强，异质文化交流的频率和深度都受到时空的限制。网络消除了文化之间的地理距离，各种文化在网络空间共同传播、持续碰撞、深度交流，文化之间的冲突也更加突出。网络交流看似自由平等，但由于各国经济实力、文化传播力、国际话语权存在差异，一些文化更具传播力和影响力，能够成为强势文化。

第一章

网络群体互动的内在机制

任何现象的发生皆非偶然，均有其内在规律性。网络互动是多种因素相互叠加、共同作用的结果。各个影响因素并非孤立存在，而是相互作用、彼此推动。社会心理学研究表明，人们的态度与行为总是由特定心理因素所驱动，不存在毫无内在心理动机的行为。群体心理并非个体心理的简单累加，而是发生了从量变到质变的复杂演变。正如勒庞所说："人作为行动的群体中的一员，他们的集体心理与他们的个人心理有着本质的差别。"[①] 这使人们在群体环境中展现出单独状态下不会呈现的一些心理特征。网络群体互动是网络群体在网络场域中受心理影响而产生的结果，既有着特定的群体心理机制作为依托，也有着一定的社会心理诱因充当动力。

第一节　网络群体互动的群体心理感染机制

心理学研究表明，人们在社会生活中的情绪并非孤立存在，情绪在人与人的互动中，如同其他能量一般具有流动性，能够发生感染现象。感染是群体心理活动中成员间相互影响的一种方式，是个

---

① 〔法〕古斯塔夫·勒庞：《乌合之众——大众心理研究》，冯克利译，中央编译出版社，2005，第 134 页。

体在群体里对他人施加影响，同时又不自觉接受他人影响的过程。感染发生的基础是成员之间存在相似性，这种相似性涵盖情景的相似性、态度和价值观的相似性、社会地位的相似性等①。相似性为相同的情绪反应提供了某种现实的心理基础，进而能够产生"同频共振"的感染效果。具体而言，这种相似性包括：情景相似，指群体成员在所处的自然环境、社会环境以及心理环境方面具有相似之处；态度和价值观相似，这表明感染受到个体认知系统的引导，在那些态度和价值观相似的人之间，感染更容易发生；社会地位相同或相似，从本质上讲，这依然是情景相似和价值相似的一种表现形式②。网络的自主性使得网络群体通常具有更高的同质性，群体成员之间有着相似的社会背景、价值倾向以及社会地位，这种相似性为非理性情绪的相互感染创造了条件。所以在群体讨论时，网民之间极易产生强烈共鸣，进而相互刺激、彼此推动。

一 群体循环反应机制

美国学者布鲁默（Blumer）等人提出了"循环反应理论"。该理论认为，社会变化会使社会成员滋生怨恨、不安、孤独等不良情绪，而人与人之间的符号互动以及不良情绪的传播过程，同时也是群体形成的过程。这一过程涵盖群体磨合、群体兴奋和社会感染三个阶段，呈现出"循环反应"的特征。群体磨合是此过程的起始点，不安情绪在群体成员间开始蔓延，谣言也在成员之间传播开来。随后进入群体兴奋阶段，谣言进一步加剧了不安全感，使得群体成员之间相互感染，进而产生共同的愤怒情绪。最后，随着成员间情绪感染的不断强化，集体行动便会爆发③。这一理论能够阐释群体互动过程中群体情绪感染的进程。感染实则是循环感染与连锁感染相互推

---

① 朱虹：《社会心理学》，东南大学出版社，2005，第 117 页。
② 朱虹：《社会心理学》，东南大学出版社，2005，第 117 页。
③ 张恒山、钟瑛：《网络事件动员的多重机制与管理路径——以政府舆情类网络事件为研究视角》，《新疆社会科学》2019 年第 4 期。

动、相互交织的过程。所谓循环感染，即个体的情绪感染他人，引发他人相同的情绪反应，而他人的情绪反应又反过来进一步激发个体更为强烈的情绪，如此循环往复，呈螺旋式上升，情绪逐渐升温。这表明个体在群体中会展现出比单独时更为极端和强烈的情绪反应。所谓连锁感染，是指个体的情绪向周围人群传递，这些人再将情绪向四周扩散，"情绪像水中的涟漪一样快速扩散"①。在网络环境中，个体的各种强连接与弱连接错综复杂、纵横交错，使得情绪的连锁感染影响范围更广、传播速度更快。在网络匿名性的庇护下，加之群体成员的鼓励与刺激，人们平日里积聚的情绪与议题所激发的情绪相互交融，共同促使群体情绪趋于高涨。

（一）群体循环反应的机制

在群体成员间的循环反应过程中，情绪共振是其中基本的推动力量。群体中的情绪共振，指的是群体成员之间的情绪反应呈现出同频共振状态，进而强化并扩大了原有的情感倾向，这是一种心理效应。这种共振具体体现在两个方面。一方面，表现为情绪双方的循环反应。即一方的情绪反应会引发另一方的共鸣与共振，而另一方产生的相同情绪反应又会进一步刺激前者，使其产生更强烈的情绪反应，如此循环往复，不断推动。另一方面，体现为群体内多人间的情绪感染反应。一个人的情绪反应会引发周围其他人产生相同的情绪反应，随后这些人又将情绪传递给更多的人，就如同病毒传播一般，形成大面积的情绪感染。如此一来，群体成员之间的信息互动便进一步强化了个体原有的情绪与观念。

暗示同样是产生循环反应的关键心理机制。人类的心理具有易受暗示的特性，这源于人类潜意识中的自我保护机制，它有助于人们在充满威胁与陌生的情境中敏锐捕捉信息并作出决策。同时，暗

---

① 周感华：《群体性事件心理动因和心理机制探析》，《北京行政学院学报》2011 年第 6 期。

示还是一个社会学习的过程，通过暗示，人们会在不知不觉中获取他人的知识。群体环境堪称一个具有强烈暗示性的环境。当人们身处其中时，会在无意间受到他人情绪、观念、态度以及行为的影响，并随之作出相应的反应。这种影响使得群体成员的心理在无意识的状态下，朝着某个共同的方向发展①。

循环反应有可能致使"集体无意识"现象的产生。所谓"集体无意识"，指的是个体在群体压力或群体意识的影响下，呈现出丧失个体可辨别性的一种状态②。其主要特征表现为个性意识的弱化、自我身份认同的模糊，以及集体知觉的扩张。瑞士心理学家荣格认为，"集体无意识"是一种由代代相传的无数同类经验在社会成员心理上积淀而成的产物，在特定条件下会被激活或显现③。群体成员会不自觉地屈从于某种心理状态，其有意识的人格逐渐消解，无意识的人格则逐渐占据主导。正如勒庞指出的那样："思想和感情因暗示和相互传染作用而转向一个共同的方向，以及立刻把暗示转化为行动的倾向，是组成群体的个人所表现出来的主要特点。"④ 个体感觉仿佛被群体所淹没，自我认知与自控能力随之下降。个体的注意力聚焦于群体，自我意识逐渐模糊，似乎丧失了自我辨别力与约束力，进而随波逐流，做出他们在单独状态下绝不可能做的事。其行为越发受本能与冲动驱使，理智被抛诸脑后。在群体的感染、暗示与鼓动之下，个体极易进入狂乱状态，致使群体行为极有可能出现非理性与暴力倾向。而且，聚众密度越大，这种倾向就越发显著。这就导致群体中的个体仿佛"不再是他自己，而是变成了一个不再受自身

① 〔法〕古斯塔夫·勒庞：《乌合之众——大众心理研究》，冯克利译，中央编译出版社，2005，第1页。
② 周感华：《群体性事件心理动因和心理机制探析》，《北京行政学院学报》2011年第6期。
③ 〔瑞士〕古斯塔夫·荣格：《分析心理学的理论与实践》，成穷、王作虹译，译林出版社，2011，第9页。
④ 〔法〕古斯塔夫·勒庞：《乌合之众——大众心理研究》，冯克利译，中央编译出版社，2005，第16~18页。

意志支配的玩偶"①。在"集体无意识"的作用下，舆论传播在很大程度上转变为情绪传播，相关议题反而退居为次要的载体。信息被传播者赋予了浓厚的情绪色彩，而信息接收者若处于相同的情绪状态，便会产生心理共振，致使情绪进一步放大。如此一来，舆论本身的真实性与价值性逐渐被消解，舆论所携带的情感因素成为舆论传播的主要驱动力。群体成员在情绪上相互感染，在行为上彼此推动，个体理性逐渐丧失，进而陷入一种"迷情"的心理失控状态。

（二）群体循环反应的特点

网络群体呈现出高度同质性的特点，成员加入群体时自主性更强，维护群体共同信念的自觉性更高，对群体的内在认同也更为深刻。这使得他们更易萌生共同情感，当部分群体成员出现情绪反应时，便容易引发群体成员间的情绪感染。此外，群体感染本质上是成员间相互激发、相互模仿的过程，其中还蕴含着社会性学习的心理。群体成员间的一致性，使得个体对群体内榜样人物的认同度更高，更乐于追随、效仿他们的行为。网络群体中的意见领袖吸引众多粉丝，常常能够主导舆论走向。而群体成员的支持反过来又会强化意见领袖的态度与行为，赋予其某种合理性，使其言辞更具情感煽动性。

网络群体具有非理性特质，情绪表达是网络群体的主要表达形式。与现实生活中的情绪共振不同，网络群体的情绪共振缺乏面对面的肢体影响与表情感染，更多是通过情绪化语言、刺激性信息等实现。信息接收者在接收到带有强烈情感倾向的信息后，易受自身认知与情感倾向左右，进行主观臆测和直觉想象，从而产生更为自发的情感反应。再加上身份的虚拟性与隐匿性，个体更容易丧失真

---

① 〔法〕古斯塔夫·勒庞：《乌合之众——大众心理研究》，冯克利译，中央编译出版社，2005，第18页。

实的自我认知与理性的自我控制，进而迷失于狂热的群体行动之中。

网络社会的"集体无意识"表现与现实社会存在差异。现实社会中的"集体无意识"可能引发成群结伙的破坏行径，网络群体则主要通过语言暴力、道德绑架、人肉搜索等方式实施暴力行为。由于网络暴力行为隐蔽性更强，参与者往往不会受到法律制裁，在虚拟身份的庇护下也无须承担现实的道德压力，这进一步降低了个体参与群体行动的道德耻感。而网络传播的便捷性与广泛性，使得群体情绪如滚雪球般增长，群体规模不断扩大，个体越发渺小。在这种情境下，网民能够将任何一件小事演变成一场群体的网络狂欢。

二 群体比较与群体趋同机制

美国社会心理学家费斯廷格（Leon Festinger）提出了社会比较理论，随后桑德斯（Sanders）和巴伦（Barron）进一步推动了该理论研究的发展。这一理论指出，人们内心存在了解和评价自己的强烈需求与动机，然而，这种评价很难借助客观手段来加以验证。所以，人们往往通过与他人进行比较，获取自我评价的依据和线索①。在群体环境中，群体成员之间相互起着参考作用。个体通常会将自己的意见或价值与群体的意见或价值进行对比，一旦察觉到自身偏离群体，便会担忧无法得到群体的接纳与认可，进而主动朝着群体一致的方向靠近。甚至为了展现得更为优秀或突出，个体会比其他人表现出更为鲜明的群体价值取向。

群体比较会致使群体趋同现象的产生，所谓群体趋同，指的是群体成员致力于在态度和行为层面与群体达成一致的倾向。推动群体趋同的心理机制为从众心理。从众是群体心理的显著特点之一，同时也是群体非理性的重要体现。所谓从众，是"个体在群体无形

---

① 李国武：《相对位置与经济行为：社会比较理论》，《社会学评论》2020 年第 1 期。

的心理压力下，放弃自己与群体规范相抵触的意识倾向，服从群体大多数人的意见，做出与自己愿望相反的行为的现象"①。美国学者库兰将其形容为人们在特定社会环境中隐瞒自己真实意愿的"偏好伪装"②。在群体当中，个体会随波逐流，意识不到自己言行所产生的社会后果。无论是隐瞒自己的见解，还是趋向于多数人的意见，均属于人们被动采取的群体趋同的从众行为。从众效应产生的一个关键原因是个体面临与群体保持一致的压力。群体中大多数成员的意见会形成一种无形的影响力，促使群体内每一个成员自觉或不自觉地与大多数人保持一致，这种力量便是群体压力③。这种压力既可以是客观存在、由他人施加的，比如群体向个体传达"如果与群体不一致将遭受惩罚"的信息；也可能是个体主观臆想的，即个人主观觉得如果与他人不一致"会承受不利后果"，尽管这种情况并未实际发生或者不会出现；还可能源自个体的经验，在个体的经验体系里，留存着成员与群体不一致而遭受惩罚的记忆。

网络的身份不在场特性，使得个体在群体中所感受到的压力发生了变化。虽然不再是面对面的压力形式，但群体压力依旧真实存在。网络群体的高度同质性，使得成员的意见倾向和价值取向越发趋于一致。若群体成员表达与群体不同的意见，极有可能遭到群体其他成员的围攻、谩骂与排斥，进而影响自身在虚拟群体中的地位和话语权，甚至不得不主动退出群体或者被强制踢出群体。由于网络言论表达具有自由性，人们可能会运用更具侮辱性和攻击性的语言去围攻异见者，表达不同意见可能会面临汹涌的网络暴力，给自己带来羞辱和麻烦。从这个层面而言，人们在网络上可能面临更为巨大的群体压力。另外，从众的一个重要诱因是信息匮乏。网络让

① 〔美〕丹尼斯·库恩等：《心理学导论——思想与行为的认识之路》，郑钢译，中国轻工业出版社，2014，第752页。

② 〔美〕第默尔·库兰：《偏好伪装的社会后果》，丁振寰、欧阳武译，长春出版社，2005，第216页。

③ 周晓虹：《现代社会心理学》，上海人民出版社，1997，第341页。

人们能够参与到许多未曾亲身经历、亲眼所见的事件讨论当中。大多数网友对事件的真实起因并不明晰，而且他们在网络上获取的信息呈现出片段化、真假难辨的状态。人们在缺乏相关专业知识、缺乏真实体验、缺乏完整信息的状况下，会感觉外在线索不够明确，自我判断也模糊不清。此时，大多数人的意见意味着信息经过了更多人的验证和认可，显得更为可靠和安全，所以追随大多数人就成了一种看似更为"明智"的选择。

"陌生人情感"进一步助推了群体趋同。在现代社会，人们逐渐走出熟人圈子，步入陌生人社会。在熟人社会中，人们借助诸如血缘关系、地缘关系、学缘关系等各类关系，自然地建立起情感连接，进而滋生出亲密感。然而，陌生人社会主要依靠人际吸引来达成情感连接。网络所具备的匿名性、开放性与流动性，决定了网络社会是一个全新的、陌生性更为凸显的社会形态。

网络社会的互动，表面上是虚拟符号的交流，实则是陌生人情感的传递，这种情感被定义为"渴望建立亲密关系但同时保持陌生性的陌生人"之间的情感①。这种互动并非依靠社会角色或社会关系来维系，而是依赖情感关系。要维持这种关系，就需要保持一定程度的亲密情感联系。在现实社会中，人们往往需要更多地展现出与自身社会身份和社会角色相符的行为理性，情感因素因而无法得到充分释放，时常处于压抑状态。但在由陌生人构成的网络社会里，身份与真实形象皆可"隐身"，人们之间会产生一种既疏离又亲密的独特情感。彻底的陌生性给予人们彻底的放松与自由，大家凭借情感上的相近性、相通性与共鸣性相互连接。这便使得在网络社会互动中，情感性要素占据着关键地位。那些无法对他人产生情感吸引的个体，难以与他人建立联系，也无法获得群体的认可。为了与他人构建更为紧密的联系，人们会展现出更为鲜明的情感特征，以便

---

① 胡正荣、戴元光主编《新媒体与当代中国社会》，上海交通大学出版社，2012，第262页。

让对方透过网络符号，清晰地感知到强烈的情感表达，并愿意维持这种互动关系。这使得网络互动对情感性表达高度依赖，人们通过情感性表达营造出在场感、认同感与亲密感。因此，从某种程度上说，网络社会可被视为情感社区。人们怀有表达情感的欲望、需求与动力，群体互动过程更多地呈现为情感的唤起、感染与放大过程，并借此实现群体趋同。

三 群体责任分散机制

责任分散是一种较为常见的效应，也被称作旁观者效应，它指的是个体身处群体之中时，其所承担的责任由他人分担，从而个人承担的责任相应减少的现象。美国社会心理学家拉塔尼等人研究发现，当存在其他旁观者在场的情形时，人们介入紧急情况的可能性会随之降低。并且，旁观者的数量越多，其中单独一位旁观者提供帮助的可能性就越小。

在社会活动中，社会成员既享有一定的权利，同时也承担着相应的责任与义务。个体在采取某种行动时，通常会考量自身的社会责任与道德责任，并对行为的后果进行权衡。然而，当个体处于群体之中，以群体一员的身份参与群体活动时，其行为后果便会分散至群体成员共同承担。尤其是对于那些超越道德底线和社会规则的事件，若个人采取行动，将会被要求承担相应的法律和道德责任；而若由群体采取行动，那么任何一个人都无须独自为此承担全部责任，甚至由于群体人数众多，最终无法进行追责。中国有句俗语"法不责众"，所表达的正是这一原理。如此一来，群体中个体的责任感便会降低，群体赋予了个体强大的力量，使其表现得更为冲动和偏激，甚至能够做出一些独自一人时不敢做的事情。一般而言，群体规模越大、人数越多，个体主观上所感受到的责任就越分散，发生极端行为的可能性也就越大。

责任分散效应的心理机制在于"去抑制"。抑制作为一种心理现象，是指个体由于受到一定的约束与限制，在社会行为中呈现出一定程度的焦虑水平。尽管抑制属于个体心理现象，但"去抑制"的力量既源自个体内部，也受社会环境的影响。个体对社会规范约束力的认知，以及遵守社会规范的自律性觉悟，共同构成了抑制个体反规范行为的力量。"去抑制"是与"抑制"相对的概念，它意味着个体极少受到约束和限制，对社会行为的焦虑水平较低，进而表现出"为所欲为"的放纵状态。

社会责任是个体抑制的重要来源，不履行社会责任的个体将会面临各种社会惩罚。出于对惩罚的恐惧及由此产生的焦虑，个体的抑制水平会有所提高。然而，群体中的责任分散使得个体的反规范行为所受到的惩罚减少甚至消失，个体的抑制水平也会随之降低。也就是说，群体中的个体能够基于其对社会规范的认知，意识到自身行为是不被社会规范认可的。但他们之所以敢于采取这些行为，是因为群体为其提供了责任分散的保障。正如勒庞所言："群体是个无名氏，因此也不必承担责任。"[1] 无论是在法律层面还是道德层面，群体都很难被追责和惩罚。

这种情况表明，许多人遵守社会规范的压力主要来自外部，而非内心的自律。当外部压力减小，个体破坏社会规则的冲动便会增强。道德素养越低、自律性越差的人，"去抑制"这一心理现象就越发显著。网络互动的不良后果更容易在道德自律性较差的群体中出现，这从机制上也佐证了增强道德自律是进行网络治理的重要途径。

在网络环境中，匿名性这一特性本身便弱化了个体的责任意识。由于处于匿名状态，个体网民对行为后果的恐惧感有所减弱，与此同时勇气却得到增强。网络群体规模极为庞大，人数众多，这使得个体网民置身于一个拥有大量旁观者的群体之中。依据责任分散效应，旁观者的数量越多，个体的"去抑制"心理就越发强烈。对于

---

[1] 〔法〕古斯塔夫·勒庞：《乌合之众——大众心理研究》，冯克利译，中央编译出版社，2005，第20页。

个体网民而言，网络环境堪称一个责任极度分散的空间，不良行为所产生的后果可由更多人共同分担。一旦缺失责任感的约束，人们的判断力与行为自控力便会进一步下降，情绪也更容易陷入亢奋、狂躁、偏激以及冲动的状态。部分网民参与群体互动，并非出于维护道德规范的义愤，而是为了满足自身"去抑制"的冲动，试图在道德追讨的掩护下获取自我放纵的快感。尽管他们明知自身行为不妥，却依旧觉得自己无须承担责任，原因在于"他人都这么做"，故而应当承担责任的是"群体"。在他们的认知里，对群体中任何个人实施惩罚都是"不公正"的。倘若网络暴力未能得到应有的惩处，无疑会进一步强化人们对群体责任分散的主观感知与经验记忆，进而导致群体的意见和行为偏移越发严重，产生累加效应。

第二节　网络群体互动的传播机制

网络传播是 20 世纪 90 年代传播学领域涌现的一个新命题，它相较于报纸、广播、电视等传统传播媒体，是一种全新的传播途径与方式。网络传播打破了传统媒体垂直传播的固有路径，达成了受众与传播者双重身份的融合统一，使得人们在网络空间中，既是信息接收的节点，亦是信息传播的节点。因此，信息传播的双向互动以及"传受一体化"，构成了网络传播所具有的革命性社会意义。

在网络传播环境下，不再存在拥有信息特权的信息传播者，受众之间切实实现了平等交流，这赋予了网络传播天然的平等属性与自由吸引力。然而，网络的"全通道"传播模式导致传播效率较低。为提升传播效率而采用的协同过滤技术机制，使原本平等的传播发生了异化。表面上，人们能够自由获取信息，实际上却受到技术的操控，陷入一种新型的不自由状态。此外，网络圈层化所引发的社会群体隔阂，致使网络交流变得越发封闭和自我。

一 网络传播中的"沉默的螺旋"

德国社会学家诺依曼（Noelle-Neumann）提出了"沉默的螺旋"（The Spiral of Silence）理论，从传播学视角揭示了群体意见的自我封闭性。该理论的主要观点有以下几个。

其一，"害怕孤立"堪称引发人类社会行为最为强烈的动力之一。人们往往会竭力避免在群体中因与他人意见相左而陷入孤立境地。对孤独的恐惧，致使人们更为关注社会对某种观点的接纳程度，而非自身内心的真实想法，并据此来抉择自己在公开场合的行为方式。为防止因独自秉持某种态度和信念而遭受社会孤立，人们在表达自身观点之前，通常会先对意见环境展开观察，并依据观察结果灵活调整对策。一旦发现自己的意见处于多数或优势地位，便会积极、大胆地予以表达；而当发觉自己处于少数或劣势意见时，一般人往往会迫于外在压力或内心顾虑，选择隐藏自己的观点，保持缄默。

其二，意见的表达与沉默的扩散，实则是一个螺旋式的社会传播进程。一方的沉默，会促使优势意见进一步得以强化，而这种强化又会给反对者带来更大的压力，进而致使越来越多的人加入优势意见阵营，反对者则会越发沉默。如此周而复始，便形成了一个一方越发强势、另一方越发沉默并逐渐下沉的"螺旋"态势。倘若这一过程中有媒体参与其中，那么"螺旋"的形成将会更为迅速且显著。

其三，"意见气候"已然成为影响舆论的关键因素。依据诺依曼的理论，每个人与生俱来便具备一种"准感官统计"能力，无须借助任何统计调查与分析，便能感知周围环境的"意见气候"，明晰意见的分布状况，判断何种意见属于优势意见、何种意见呈增强态势、何种意见公开表达不会遭受社会惩处。"意见气候"既涵盖现实中已然存在的意见，也包含心理预期中可能出现的意见，其主要来源有二：社会群体与大众传播。其中，大众传播因其具备专业化、权威性、公开性等特性，对"意见气候"的影响尤为显著。在诺依曼看来，舆论的形成并非社会公众理性探讨的结果，而是"意见环境"的压力作用于人们惧怕孤立的心理，进而迫使人们向优势意见靠拢的产物。一旦某种意见占据优势，便会对群体成员施加巨大的心理压力，这种心理压力会转化为无形的强制力，群体成员若表达不同意见，将面临遭受群体制裁的风险。为规避这一风险，群体成员要么选择沉默，要么选择附和，使得群体中的不同意见越发稀少①。

"沉默的螺旋"理论最初是针对传统媒体提出的，然而，有学者认为在网络新媒体环境下，"沉默的螺旋"现象呈现出减弱的趋势。其理由主要有两点。其一，诺依曼提出该理论的一个重要假设，便是个体对孤立的心理恐惧。而网络极大地拓宽了人们的交往空间，人们能够自由选择加入或退出任意一个群体。网络所具有的身体与身份不在场特性，使得个体能够匿名表达自身意见。即便遭到孤立，也无须直面现实的社会压力，这就使人们对被孤立的恐惧程度降低，因害怕被群体孤立而选择沉默的可能性随之减小。其二，在"意见气候"方面，网络社会呈现出更为开放多元的态势。自媒体的兴起，极大地削弱了传统媒体的话语垄断地位，使得媒体对"意见气候"的影响力有所下降。

然而，当我们对网络社会进行观察时发现，网络上的"沉默的螺旋"现象并未因上述因素而减弱，只是其表现形式发生了变化。网络群体互动中态度和行为的偏移，存在一个逐步形成的过程。优势意见的持续增强以及反对意见的日渐沉默，必然会导致态度和舆论一边倒的结果，这成为推动态度和行为偏移的关键机制。发生偏移的舆论不断扩张、持续强化，进而引发更为过激的网络行为。那些获得众多人赞同的观点，表达欲望越发强烈，会被大量转载、点

---

① 〔德〕伊丽莎白·诺尔-诺依曼：《沉默的螺旋：舆论——我们的社会皮肤》，董璐译，北京大学出版社，2013，第1~8页。

赞与传播；而遭到否定、批判的观点，则会逐渐销声匿迹。

究其根源，尽管网络新媒体与传统媒体在舆论传播方式上存在差异，且传播信息更为多元，但强势舆论依然存在。并且，由于网络传播速度迅猛、参与人数众多，优势意见的支持者数量更为庞大，使得这种意见显得更为强势。表达与该强势意见相悖的观点，需直面网络上如潮水般的围攻与谩骂，甚至可能面临遭受现实惩罚的风险。由于网络讨论往往更具情绪化而非理性化，这种不同意见所招致的攻击，可能远比现实社会更为猛烈，个体在表达不同意见时所承受的压力实际上更大。此外，网络群体的同质化现象更为显著，在这样的群体中表达不同意见，被群体排斥的结果更为明确。与现实社会不同的是，这种压力更多地体现为害怕被否定，以及群体趋同的社会心理。网络群体同质性高，个体对群体的依赖度和认可度也更高，网民个体从内心深处更倾向于相信群体意见具有一定的正确性与合理性。因此，即便在网络世界，"沉默的螺旋"现象依旧存在。

"沉默的螺旋"现象在涉及道德事件时表现得尤为突出。这是因为具有道德价值的事件，与长期以来的社会风俗及道德传统紧密相连，存在普遍的社会共识。这种社会共识依靠道德舆论来维系，个体必须公开表明对这种共识的支持，方能获得道德舆论的认可。若不能顺应"多数意见"，则意味着个体与社会共识背道而驰，将面临挑战社会传统、违背社会道德的"指责"。而追讨、批判"不道德者"被视作社会成员共同的责任，个体将承受巨大的社会压力。所以，在现实生活中我们不难看到，许多谴责、谩骂、围攻只要占据了道德制高点，便会显得理直气壮、气势汹汹。

传统媒体的"意见气候"是自上而下形成的，由媒体设置议程，人们被动接收信息。而网络媒体的"意见气候"，是某种意见获得多数网民支持与传播后的结果。通常，一旦热点事件发生，大量相关信息便会在第一时间出现在微博、微信公众号、门户网站等平台，在极短时间内形成"遍在效应"。信息的大量转载、转发以及无限次复制，又进一步形成"重复积累"效应，使得网民的关注程度逐步提升。网络媒体的纷纷跟进，让人们被大量同质化信息所环绕，形成了网络社会的"共鸣效果"。在同质化信息的传播过程中，相同的价值判断和情感倾向也得以传染，网络社会中的主流情感倾向逐渐明晰，主流意见也随之形成。如此一来，网络媒体的传播造就了强大的"意见气候"，其意见倾向显著，情绪要素浓烈。"意见气候"的形成，放大了群体的情感倾向，推动言论、态度和行为发生偏移。与这种意见倾向一致的意见，因获得群体支持而表达得越发大胆、激烈，并吸引越来越多的人加入其中；而持不同意见者，面对庞大的对立意见群体和激昂的群体情绪，感受到与众多人意见相左的巨大压力，从而选择沉默。

二 网络传播中的"协同过滤"

网络协同过滤作为解决网络信息超载问题的技术方案，在网络社会信息爆炸的背景下应运而生。网络自由化与平等化的特性，使信息缺乏有效的组织与控制，人们深陷海量信息之中，信息量远超其处理能力。这不仅加大了人们筛选和获取有效信息的难度，还降低了信息的使用效率，此即所谓的"信息超载"（Information Overload）。而推荐系统则是应对信息超载问题的关键技术手段。它基于对用户行为习惯、兴趣偏好等方面的深入分析与计算，总结并挖掘用户的兴趣点和需求点，进而向用户推送符合其兴趣与需求的个性化信息，是一种个性化的服务系统。协同过滤（Collaborative Filtering）便是推荐系统中的一种推荐算法，它借助信息过滤技术，对特定用户所面对的信息开展挖掘与筛选，并将筛选后的信息推荐给用户。信息筛选遵循用户的兴趣和偏好原则，不符合用户偏好的信息会被自动过滤。协同过滤机制在群体互动风险的发生过程中，扮演着重要的技术推动角色。在该机制作用下，人们接收到的信息倾向单一、内容同质，从信息供给与群体环境两个维度，将群体局限于狭窄的"信息茧房"之中。

（一）网络信息窄化

网络的协同过滤机制，使得人们在获取网络信息时出现窄化现象。"窄化效应"这一概念由美国心理学家罗文斯坦（Lowenstein）提出，他发现人们在特定时刻，注意力会高度集中于某一点，从而无意间忽略其他信息，导致信息窄化。信息窄化促使人们的认知、情感或思维倾向朝着某一方面或方向高度聚焦，进而使信息范围越发狭窄。

基于人类思维活动的惰性，人们天生具有固守认知偏见、排斥不同意见的倾向。人们总是选择性地关注那些契合自身认知范围和倾向的信息，主动回避与自身态度、兴趣、认知不一致的信息，甚至会按照自己的惯有方式去解释信息。有时为了使信息与自身认知相符，人们不惜截取和曲解信息。在信息记忆方面，人们也更倾向于记住对自己有利且与自己认知相符的部分，而忽略其他内容[①]。在现实社会中，这种信息选择受到诸多限制。人们的活动范围、信息接收范围以及所处的社会历史环境相对固定，个体往往只能被动接收媒体传播的、面向大众且符合社会主流价值的信息，这些信息不会因个人喜好而被过滤。然而，网络的扁平化与无中心性，极大地增加了人们信息选择的机会。网络信息价值多元、种类丰富，且通过超链接相互关联。面对海量信息，人们会优先选择符合自身偏好的内容。网络协同过滤机制恰好迎合并强化了人们的这种选择性关注，通过推荐类似信息，使人们仅选择性地接触一致或相似的信息，不断强化自身的固有认知。以 2017 年迅速走红的视频直播类社交平台 App "抖音"为例，其成功离不开协同过滤机制的助力。在算法推荐方面，抖音采用双标签法，分别为用户和内容打上标签，然后

---

① 田中阳主编《传播学基础》，岳麓书社，2009，第 222 页。

进行匹配。系统依据用户标签,大量推荐同标签内容,让用户持续看到自己感兴趣的内容。

传统媒体难以达成的分众化传播,网络借助协同过滤机制却能轻松实现。面对海量信息,人们期望筛选出最重要的信息,排除冗余信息。由于人们的动机、需求、情感及社会实践等各不相同,信息价值对每个人而言存在差异,分众传播具有一定的必要性。分众传播是与大众传播相对的传播方式,若将大众传播比作"广播",分众传播则如同"专播"。这种"专播"虽有助于人们筛选信息,提高信息传播的针对性与适应性,使受众从信息的"被动接收者"转变为"主动选择者",但这种"个人定制"式的信息传播,进一步窄化了人们的信息视野,产生了"社会隔离"效应。正如桑斯坦担忧的那样:"当每个人都忽略了公共媒体,而对观点及话题自我设限时,这样的机制其实存在着许多危险。"[1] 在桑斯坦看来,这种信息选择的自由并非真正的自由,"只有人们能够充分地、广泛地接触不同面向的信息,才能保证真正的自由"[2]。人们在网络环境中,不断受到同质化信息的反复刺激,所接触到的信息仿佛是自身观点的回声。在这种情况下,原有的观点持续被放大与强化,导致人们在纷繁的信息海洋里,只能接收到与自己观点一致的声音。长此以往,人们便会被由固有认知构建而成的信息域所束缚,桑斯坦将这种现象称作"信息茧房"。如此一来,网络传播非但没有促使人们变得更加开放,反倒使人们越发封闭。而且,人们原本就存在的认知偏差,经由协同过滤机制,进一步被放大和强化。

(二)网络圈层窄化

互联网虽说是一个包容多样性、充斥复杂性的极度异质空间,

---

[1] 〔美〕凯斯·H.桑斯坦:《网络共和国——网络社会中的民主问题》,黄维明译,上海人民出版社,2003,第10页。

[2] 〔美〕凯斯·H.桑斯坦:《网络共和国——网络社会中的民主问题》,黄维明译,上海人民出版社,2003,第33页。

但人们在置身于网络活动时，并未变得更加包容、开放与丰富。人们天然倾向于喜爱和接纳与自己相似的人，这既是个体面对复杂社会环境的一种自我保护机制，也是提升自我价值的关键保障。

在现实生活中，人们常常基于学缘、地缘或血缘关系结成特定群体。个体加入某个群体，往往具有一定的被动性，并且无法对其他群体成员进行筛选与过滤。然而，网络的出现极大地增强了人们的主体性，人们能够主动挑选群体与朋友。在协同过滤机制的作用下，相似的人以及相似的内容不断被推送至个人面前，使得众多具有相同认知倾向的人突破时空限制汇聚在一起。人们的交流方式从地域性交流转变为"趣缘"性交流，这使得网络群体内部成员兴趣相投、观点一致、志同道合。在这样的群体中，人数众多且发言积极，但表达的皆是同一种声音，听到的仿佛只是自己的回声，接收的也全是同类信息，从而产生"镜式认知"的错觉——人们看似在与众多人交流，实则更像是在与观点高度相似的"镜中自我"进行对话。

那些因信息偏好相近而结成群体的网民，自然而然地形成了各类同质化圈层，个体被困于这样的"朋友圈"之中。人们的信息渠道与知识来源因此变得狭窄，进而误认为圈子内的观点即正确观点，圈子里流传的信息便是全部信息。这种认知进一步推动了态度和行为朝着极端化方向偏移。

协同过滤机制所造成的同质化圈层，还会强化群体之间边界，加剧群体对立。群体成员在群体互动过程中，获得群体归属感，并从相似观点的相互支持中获取群体认同感。群体认同感的增强，会促使群体一致的认知和态度不断扩张，群体成员内部自我肯定的强化，会进一步排斥不同意见，进而强化群体边界。所谓群体边界，指的是群体之间形成的物理性、社会性以及心理性差异。群体态度和行为的极端化偏移，既是群体内部一致意见不断强化的过程，也是群体之间意见分歧持续加深的过程。在此过程中，形成了"我们"

与"他们"的群体边界，一些观点差异较大的群体甚至走向对立，最终造成了群体内高度同质化与群体间对立化并存的局面。

第三节　网络群体互动的议程设置

议程设置这一概念，最早于 1958 年由美国学者诺顿-朗提出。他指出，"从某种意义上讲，报纸是设置地方性议题的原动力"①，能够决定读者所谈论的议题，以及他们对该议题的认知。美国传播学家麦库姆斯系统提出了议程设置理论，认为"通过日复一日的新闻筛选与编排，编辑与新闻主管影响我们对当前什么是最重要的事件的认识。这种影响各种话题在公众议程上的显要性的能力被称作新闻媒介的议程设置作用"②，它揭示了大众传媒为公众设置议事日程的功能。在传播过程中，媒体依据自身立场与原则，对信息进行过滤、加工与把关后再予以传播。公众所获取的，是超越自身直接经验、经媒体编辑处理的"二手信息"。诚如所言，"作为超越我们直接经验认识广阔世界的窗户，新闻媒介决定了我们对这个世界的认知地图"③，"报纸或许不能直接告诉读者怎样去想，却可以告诉读者想些什么"④。议程设置理论最初是基于报纸、广播、电视等传统媒体提出的。然而，随着网络媒体的迅猛发展，"正在不易觉察地改变新闻媒介设置公众议程的方式"⑤，尽管如此，议程设置理论依旧适用于网络新媒体，只是其议程设置的环境、条件与方式发生了

---

① Long N. E., *The Local Community Ecology of Games*（American Journal of' Sociology, 1958），p. 260.

② 〔美〕马克斯韦尔·麦库姆斯：《议程设置：大众媒介与舆论》，郭慎之、徐培喜译，北京大学出版社，2008，第 1~2 页。

③ 〔美〕马克斯韦尔·麦库姆斯：《议程设置：大众媒介与舆论》，郭慎之、徐培喜译，北京大学出版社，2008，第 2~3 页。

④ 李彬：《传播学引论》，新华出版社，1993，第 142 页。

⑤ 〔美〕马克斯韦尔·麦库姆斯：《议程设置：大众媒介与舆论》，郭慎之、徐培喜译，北京大学出版社，2008，第 18 页。

改变。如今，个体信息发布者皆可自行设置议程，依据自身理解对信息进行解读、评论、转载与传播。这种多节点网状的传播方式，促使信息能够快速生成与传播。传统形式的大众传媒常常滞后于网络媒体，有时甚至不得不追随网络媒体的议题设置。特别是在话题把控方面，网络媒体展现出强大的议程设置能力，在网络群体互动中发挥着关键的推动作用。

一　网络媒体的议题设定

媒体能够借助议程设置来设定议题，进而影响受众"思考的内容"。鉴于维护特定立场与价值的需求，媒体并非会传播所有信息，而是筛选出对自身有利的信息，并将重点聚焦于少数几个议题。通过对版面、篇幅、时长等方面的安排，对这些议题进行着重强调，向受众传递"强信息"。当一个议题经多家媒体以多种形式共同报道后，便会成为某一阶段的热门话题，引发人们广泛的关注与讨论，从而实现从媒体议题到公众议题的转变。从这一角度而言，是媒体"设定"了受众的议题。议题设置不仅能够为舆情的形成奠定基础，还能够直接引发舆论。大众传媒通过提出议题来引发舆论，通过对议题顺序与强度的安排来强化舆论，通过文字的运用以及角度的选取来传递价值，进而引发受众对议题的关注与讨论①。网络媒体运用特定的议程设置手段，能够突出某些议题，推动其进入公众视野，激发公众参与讨论的热情。

（一）断章取义"标题党"

标题，作为在新闻内容之前对全文进行精辟概括与评价的文字，核心作用在于精准突出新闻中最为关键的信息点。一般情况下，标题不但涵盖新闻内容的关键信息，还融入了意义解析、评价倾向等议程设置相关内容，是议程设置极为重要的环节。这就要求标题不

① 〔美〕马克斯韦尔·麦库姆斯：《议程设置：大众媒介与舆论》，郭慎之、徐培喜译，北京大学出版社，2008，第42页。

仅要有高度的概括性与精准性，还得具备生动性，同时绝对不能出现失真、片面或者夸大的情况，呈现出既严谨又不失活泼的特性。在传统媒体传播体系中，由于其对传播流程有着一定的主导权，所以通常能够严格遵循新闻标题的规范性要求，着重突出准确性、客观性以及导向性。然而，在以"受众导向"为显著特征的网络传播环境下，网民拥有充分的自主选择权，能够在海量媒体中自行决定关注哪些媒体，这使得网络媒体深陷激烈的注意力竞争困境之中。从本质层面来说，大众传媒开展议程设置，根本原因在于人们的注意力资源是有限的。"在任何时候都有许多议题争夺公众的注意力，但是社会及其机构每次只能关注几个议题。新闻媒介中、公众中以及各种公共机构中的注意力是一种稀缺资源。"① 网络碎片化传播的特性，决定了标题往往是吸引网民注意力的首要且关键的一步。一个极具吸引力的标题，能够让一篇普通文章在海量信息中崭露头角。网民的构成特点也使大部分网民对新闻标题更感兴趣，而对长篇幅、逻辑性强的内容兴致缺缺。在充斥着负面情绪和不良社会心态的网络环境里，越是极端、标新立异的标题，就越能触动网民的心弦，引发广泛关注。在这种导向之下，部分媒体背离了新闻标题写作的基本规范与原则，将标题当作最重要的议程设置环节，绞尽脑汁地去做"标题党"。此时，标题的目的不再是概括新闻的主要信息，而是为了吸引网民关注，在标题中挖掘"卖点"。于是，那些带有强烈情感性、评价性、片面性以及夸大性的信息出现在了标题之中，甚至许多新闻呈现出"文不对题"的状况，题目标新立异，可内容与标题却大相径庭。

（二）复杂事件标签化

标签，最初源于商品经济范畴，是用以标识商品类别、性质等特性的关键字词。在商品交易情境中，它能助力商品购买者以最简

---

① 〔美〕马克斯韦尔·麦库姆斯：《议程设置：大众媒介与舆论》，郭慎之、徐培喜译，
　　北京大学出版社，2008，第44页。

捷、高效的方式去认识和识别商品，进而有力地提升商品流通的效率。从社会学和心理学的视角深入剖析，人类在认知活动进程中，存在以偏概全给事物贴标签的思维惯性。这种认知模式借助对一类事物进行简化、抽象的评判，能够概括出某类事物的一般性特征，使得我们在辨别和认识它们时，大幅压缩了时间和智力成本。

人们在认知世界时，总是倾向于运用最省力、最简捷且成本最低的方式。贴标签的方式能够让人们规模化地认知事物，既简便又直观，充分契合了人们追求思维简化的内在需求。而且，这种认知方式还能为人们带来安全感。当面对陌生事物时，人们常常会因了解匮乏、难以认知而滋生不安感乃至恐慌感。而预先设定的标签能迅速将事物归类，人们便可从对同类熟悉事物的认知出发去认识新事物，或者依据社会普遍认可的标签对新事物进行初步定性，从而有效消除对新事物的陌生感和不可控感，获取一种能够认识和掌控对象的安全感与踏实感。此外，在社会互动过程中，标签还具备社会共同认知的功能。一些获得社会广泛认可的标签在社会生活中被频繁使用。从某种意义上讲，获得这种社会共同认知更便于人们之间的沟通交流，进而降低社会运行成本。所以，由以偏概全思维引发的贴标签现象，通常都带有社会评价性。

在网络环境中，碎片化阅读和快捷化传播成为显著特性。鉴于此，一些信息若想在网络传播中崭露头角，就必须借助简洁、鲜明的标签，凸显该信息某一方面引人注目的特性，以此增强传播与动员效果。这些标签用语凝练、形象，能使受众快速捕捉到事件的热点之处。然而，网络传播中的贴标签现象也容易引发一系列问题，例如断章取义、以偏概全，把复杂的事件简单化、复杂的逻辑情感化，仅仅依据少量经验进行推论，还会将评价结论肆意推演、不合理地放大，这无疑违背了认识事物的基本规律，不利于引导网民对议题进行全面认知和理性思考，最终使网民陷入以偏概全的认知误区。

网络互动依托网络论坛、微博、微信群、QQ 群等平台，受限于这些平台对字数和篇幅的规定，用户发布的信息通常需做到语言简洁、主题明确。制作新闻标签能够以简明直接的方式给受众留下印象并提供提示，十分契合网民碎片化阅读的习惯。这些标签往往蕴含着深刻的社会内涵，与社会心态、公众刻板印象以及现实敏感点紧密相连。媒体有意或无意地把复杂信息简化成特定标签，借助人们对这些标签的刻板印象来实施引导和暗示。贴标签是一种典型的对信息进行"削平"的手段。这种手段将议题从其前因后果和社会背景中剥离出来，掩盖了事件本身所具有的辩证性与复杂性，只是断章取义地理解其特征，这无疑是信息解读的错误方向，严重违背了新闻所应遵循的客观、完整、中立的基本伦理准则。不过，在碎片化阅读盛行和节奏快速的网络世界里，它却能成为快速吸引受众注意力的有效方式。标签化还常常与"标题党"现象相互关联，如在标题中运用鲜明且情感色彩丰富的标签来博人眼球。

二 网络媒体的情绪设置

媒体能够借助议程设置对受众"如何思考"产生影响，"媒体对外部世界的报道不是'镜子'式的反映，而是一种有目的取舍活动"[①]。媒体在针对报道对象时，会根据自身的价值倾向，对信息开展取舍、加工以及重组的操作，因此，其提供给受众的并非纯粹的事实，而是经过改造后的事实。麦库姆斯把大众传媒的这种影响作用定义为"属性议程设置"，也就是说，媒体通过语境的精心设置，对受众"如何思考"进行暗示，其中涵盖了对信息的筛选、着重强调、阐释说明，结构的布局安排，语言的运用技巧，以及气氛的营造渲染等。尽管这种影响并非具有强迫性，受众完全

---

① 蔡定剑主编《公众参与：风险社会的制度建设》，法律出版社，2009，第 391 页。

拥有自由做出判断和分析的权利，然而，对于那些判断、分析以及信息获取能力处于一般水平的普通民众而言，他们对媒体权威性的信任，使得他们更倾向于接受媒体的暗示，并依照媒体的引导对信息进行解读。

从新闻工作的伦理要求层面来看，新闻工作者理应传递的是客观事实，而非个人情绪。但实际上，媒体对信息的加工过程并非全然客观、理性。从新闻采集的源头——记者来说，记者作为最直接接触信息源的人员，在对信息进行选择和描述时，不可避免地会融入个人的情绪体验与感情色彩。而到了新闻的把关环节——编辑阶段，编辑基于特定的价值判断和现实需求，对信息进行编辑、修改以及筛选，又一次加入了自身的情感倾向和价值取向。在自媒体时代，每个人都有机会充当记者和编辑的角色，然而，大多数人并不具备记者和编辑所应有的专业素养以及伦理素养，所以在内容传播过程中，极易掺杂个人情绪。与此同时，媒体还能够有意识地对信息的情感内容加以引导，通过一系列传播手段，在信息中植入特定的情感内容，进而对信息进行某种程度的情感定向。这种定向的情感会营造出特定的情绪氛围，随着信息的传播在公众之间蔓延、扩散，形成某种群体的情感偏向，对舆情生态和环境产生影响，使得人们在无形之中，于信息解读时戴上了"有色眼镜"①。

传统媒体在传播信息时，大多采用严谨的语言、进行完整的内容呈现以及秉持理性的表达方式。尽管在信息传播过程中也蕴含着一定的价值导向，但在信息编辑环节，依旧力求展现冷静的观察与理性的分析，全力确保客观准确。在语言运用方面，通常会使用结构较为复杂的书面语和长句。与之相对，网络媒体为了契合网民非理性的心理特征，更倾向于采用娱乐化、庸俗化的传播导向，故而更着重强调情绪文化，而非理性文化。倘若说传统媒体在传播信息

---

① 〔美〕马克斯韦尔·麦库姆斯：《议程设置：大众媒介与舆论》，郭慎之、徐培喜译，北京大学出版社，2008，第1~336页。

时，新闻工作者的情感倾向是在无意间融入其中的，那么网络媒体则是有意识地进行情绪设置。这是因为情绪动员是网络动员行之有效的手段，而激发情感更是引发网络热议最为直接的方式。网络媒体在提出议题之际，会有意地融入情感判断和情绪偏向。其方式或是掺杂信息编辑者自身的情绪、态度与想象，或是去迎合网民的情绪偏向和欣赏喜好。在新闻布局层面，他们会将新闻内容进行碎片化切割，同时添加更具视觉冲击力的图片、视频等元素。这些图片和视频，有的能够刺激受众感官、构建出特定场景并激发想象；有的具备强烈的情绪感染力，可营造出相应气氛并激发受众情绪；还有的以诙谐、恶搞的形式，增添文章的戏剧感与娱乐性。在文字运用上，网络媒体摒弃了严谨、客观、冷静的书面语和长句，转而采用通俗化、简单化、情绪化的构词造句方式。

由于人们认识事物通常是从感性认识起步的，信息的情绪设置为人们理解信息营造出一种"情绪气候"，暗示了事件的情感基调，进而会塑造网友对于该事件的第一印象，形成"首因效应"。首因效应指的是人们首次与某一对象接触时所形成的印象[1]。这种第一印象会在人们心理层面形成稳固且鲜明的定向，往往会固定人们对于对象的认知方向，使得人们依照信息编辑者的判断、态度和指向去理解信息。有时，即便有真实信息对最初信息予以补充、纠正，人们依然会采取不愿相信、不肯承认的态度，竭尽全力寻找证据来维护最初的判断。

三 网络媒体的舆论操控

诺依曼指出，媒体对社会舆论的影响与控制，通过三种方式得以强化：普遍存在、重复积累以及协调一致。所谓普遍存在，指的是媒体广泛分布、无处不在，其影响范围空前广泛，致使公众完全

---

[1] 时蓉华主编《社会心理学词典》，四川人民出版社，1988，第157页。

处于媒体舆论的环绕之中。在当今时代，网络已深度渗透至社会生活的各个层面。特别是随着智能手机的飞速发展，人们能够在任意时间、任何地点便捷地浏览网络内容。相较于传统媒体，网络媒体的影响范围更广，影响力也更大。所谓重复积累，是指不同的媒体往往倾向于传播相同的事件与观点，使得此种观点以多种多样的方式，持续不断地在公众面前重复呈现。而协调一致，则是指媒体在价值观和评价倾向上呈现出一致性或者相似性①。尽管网络的意见表达环境更为开放、多元，但网民的层次结构相对固定，他们对信息的选择偏好也较为稳定。网络媒体持续将类似的信息展示给网民，这就使得网民在网络上获取的信息具有一致性或相似性。上述三种强化舆论的方式，在网络环境中会分别产生三种传播效应：强化效应、重复效应和遍在效应。

（一）强化效应

所谓强化效应，是指媒体通过对信息重要性进行排序，从而达到强化受众对某些信息印象的目的。从心理学层面而言，人们通常对首次接触到的信息印象最为深刻。强化效应正是把信息置于受众最容易率先关注到的位置，以此增强相关信息的传播效果。在议程设置过程中，强化效应可通过谋篇布局来实现。以传统媒体为例，报纸往往会将最重要的信息安排在头版最醒目的位置，电视台则会把最重要的新闻置于节目开头。传统媒体还会采用扩大重要信息标题字号、增加重要信息所占篇幅或延长其播出时长等方式来加以强调。网络媒体由于信息载量极为庞大，进行强化设置能够突出某些重大议题，提升议题的吸引力。网络媒体强化设置的手段更为丰富多元，除了运用扩大字号、首页推送等传统设置方式外，还可采用加精、置顶、推送、弹出、标红等方式。部分媒体还针对重要信息开辟专题讨论区，建立相关文章链接，附加调查问卷、投票窗口以

① 段鹏：《传播效果研究：起源、发展与应用》，中国传媒大学出版社，2008，第148页。

及滚动更新等内容来强化信息传播。以网络舆论活跃的网络论坛为例，网络论坛常常通过将容易引发热议的帖子置顶或放置在精华区的方式，吸引网友关注。例如，天涯论坛会分析用户的浏览习惯，把类似的热点新闻信息以推送形式呈现给用户。在微博平台，会将热门微博和关注热点置顶，成功达到吸引用户、制造热点的效果。

（二）重复效应

所谓重复效应，指的是媒体借助对特定信息的反复报道，以强化受众对这些信息印象的传播效应。此效应基于人们的自我心理强化机制。从心理学角度而言，任何事物或思维方式，在适度范围内不断重复，便会持续强化心理刺激，进而加深人们的印象。在瞬息万变的网络环境中，强化效应虽能吸引人们的关注，然而这种关注极易被层出不穷的新信息所稀释。为维持某一议题的热度，媒体常常借助重复效应来持续吸引受众的注意力。传统媒体通常通过多角度报道与跟踪报道的方式来达成重复效应。例如在报道重大事件时，从不同侧面进行解读，并持续追踪事件进展，让受众反复接收相关信息。网络媒体强化重复效应的手段更为丰富多元。部分媒体针对重大议题开设专题报道，全面深入地呈现事件全貌；甚至开展实时报道与滚动报道，确保受众能及时获取最新消息。与此同时，网民也会通过持续点击浏览、积极评论回帖等方式，使某些信息始终保持在公众视野中，防止其"沉帖"。

（三）遍在效应

遍在效应，本质上是重复效应在不同媒体间的具体应用。单一媒体通常借助重复效应来设置热点议题，而当多个媒体对同一议题进行重复报道时，便会催生遍在效应。如此一来，媒体之间营造出相互呼应的氛围，通过彼此转载、相互印证等方式，议题在受众的视野中广泛存在，从而进一步加深受众对该信息的印象。网络媒体一般从强化效应着手，将议题推向公众视野，随后借助重复效应强化舆论，提升网络舆情的热度。随着舆情热度不断攀升，其他媒体也会相继跟进，各媒体竞相进行报道、转载与评论，进而形成遍在效应，进一步推动网络舆论走向高涨。在群体心理效应、网络传播效应以及网络社会动员等多种机制的共同作用下，网络热议有可能演变为群体态度和行为的极端化偏移。此外，诸如维基百科、百度百科等一些搜索引擎，也会以搜索热词的形式提供相关事件的最新信息。如此，网民无论是使用手机还是电脑，无论是浏览微博、微信还是各大网站，其视野都会被大量相关报道所占据。这种遍在效应使得网民的注意力被动地聚焦于该议题，使相关议题迅速取得压倒性的传播优势。

第二章

网络群体互动的数据治理*

　　网络社会的技术特性，决定了网络社会监管与现实社会监管存在一定差异，这种差异主要体现在网络社会对技术的高度依赖上。网络社会的监管，在相当程度上是基于网络技术开展的监管活动。网络技术作为化解群体互动风险的工具性条件与物质性基础，其重要性不言而喻。故而，网络群体互动风险的治理，既需要技术手段的持续更新，也离不开与之相匹配的技术能力。网络群体互动的信息源繁杂多样，发展过程也各有不同，这就要求借助更为智能化的技术手段来辅助监管。自 2018 年起，我国在基础资源、5G、量子信息、人工智能、云计算、大数据、区块链等领域已取得一定技术优势。我们应充分利用这些优势，发挥技术赋能作用。特别是大数据技术，以其原始数据丰富、统计结果准确、数据分析可靠等特点，在网络监测、研判及应急处置方面发挥着重要作用。借助大数据，网络监管的信度和效度得以大幅提升。同时，大数据在挖掘数据价值以分析风险形式、来源及走向方面，优势显著。

---

　　* 本部分内容刊发于《社会主义研究》2021 年第 6 期，题为《大数据思维下的突发公共危机治理机制优化》，本书作者为该文的唯一作者。本书引用该文时有所改动。

第一节　大数据技术助力网络群体互动的风险预警

网络群体互动的风险预警，是针对特定风险源，运用特定监测手段，并依据特定预警指标发出预警信息的过程。准确且及时的预警意义重大，它是对群体互动可能产生的风险性后果进行有效干预的重要前提。在构建风险预警模型时，需充分考量网民对道德事件的关注程度、讨论倾向、波及范围与强度，以及行为极化程度等变量。

一　大数据思维在风险预警中的优势

大数据堪称一场数据与思维的双重变革。截至当前，关于"大数据"的概念，尚未形成具有权威性的定义。较为通行的解释是："难以用常规的软件工具在容许的时间内对其内容进行抓取、管理和处理的数据集合。"① 对于"大数据思维"的确切内涵，学界至今尚未达成共识。英国数据科学家维克托·迈尔-舍恩伯格等指出，大数据促使人类思维产生三个转变：其一，"我们能够分析更为海量的数据，有时甚至能够处理与某一特定现象相关的所有数据，而不再单纯依赖随机采样"；其二，"由于研究数据量极为庞大，我们不再执着于追求精确性"；其三，"我们不再热衷于探寻因果关系"，"而是应当着力寻找事物之间的相关关系"②。有学者从思维特征的角度，将大数据思维归纳为"整体性（价值涌现）""动态性（价值分层）""相关性（价值创新）"这三大特性，并以"开放、采集、连接和跨界"作为行动范式③。还有学者从大数据的技术逻辑入手，把大数据思维的原理总结为"数据核心原理""数据价值原理""全

① 邬贺铨：《大数据思维》，《科学与社会》2014 年第 1 期。
② 〔英〕维克托·迈尔-舍恩伯格、肯尼思·库克耶：《大数据时代：生活、工作与思维的大变革》，盛杨燕、周涛译，浙江人民出版社，2013。
③ 张维明、唐九阳：《大数据思维》，《指挥信息系统与技术》2015 年第 2 期。

样本原理""关注效率原理""关注相关性原理""预测原理""信息找人原理""机器懂人原理""电子商务智能原理""定制产品原理"这十大原理①。笔者认为，大数据思维可从三个层面进行概括。其一，在数据采集层面，体现为"全样本思维"与"关注效率思维"，即着重强调对全部样本的掌握，而非依赖随机抽样，同时注重关注效率，而非仅仅追求数据的精确程度。其二，在数据分析层面，表现为"相关性思维"与"价值性思维"，即侧重于对数据进行相关分析，而非因果分析，并且强调数据所蕴含的价值，而非单纯的功能价值。其三，在数据使用层面，呈现为"数据核心思维"与"共享性思维"，即突出数据的核心地位，而非流程核心，同时强调数据的自由共享与流动。

风险预警，是指在风险因子尚未演变为现实风险之际，对风险的存在发出警报，以便做好应对风险的准备，从而阻止或预防风险的爆发。提前识别风险因子并做出风险预判，是降低风险事件破坏力的根本举措。然而，网络群体互动所面临的风险受到多种复杂因素的影响，在爆发的时间、地点以及方式等方面都具有极大的不确定性。传统的社会治理模式，在数据来源方面存在局限性，在时间上具有滞后性，且数据分析主要依靠人力完成。由于人类理性的局限以及分析人员的主观因素，在风险的酝酿阶段和零星发散阶段，从海量的信息流中发现那些零散、偶发且潜藏的变化，识别出致灾因子并做出风险预警，在传统机制下很难实现。同时，受经验主义的影响，治理主体主观上认为风险事件具有"偶发性"与"不可预测性"，这导致对预警环节的轻视与忽视，使得治理重心偏向于风险发生后的应对处理。

预测乃预警之基石，唯有先进行科学的预测，方可构建制度层面的预警机制，进而引发社会维度的响应。尽管网络群体互动的风

① 陈贵民、郑乐乐、郑汉军：《大数据进化论》，《网络安全技术与应用》2020年第2期。

险存在一定程度的不可控性，但其仍具备潜在的演变进程，并非全然不可预测。预测是大数据的显著技术优势之一。舍恩伯格提出，"大数据的核心要义便是预测"，即"将数学算法应用于海量数据，以此预测事情发生的可能性"[①]。作为复杂网络研究领域的权威，巴拉巴西在大数据的全新背景下指出，数据、科学以及技术的协同作用，会使人类行为的可预测性远超预期[②]。在大数据的"全样本思维"模式下，对于小数据而言具有偶然性、难以预测的事件，若能采集到全部样本信息，便能够捕捉到那些零散、偶发以及潜藏的变化，从而基于"相关性思维"揭示数据背后的必然性与规律性，预测某一事件发生的概率——某一数据源的集中异常变化，往往预示着某种风险的降临。如此一来，在传统手段下极为棘手的预测难题，借助大数据思维，便可转化为对现有数据的简单分析与描述问题，实现了对人类传统认知的突破。这不仅让网络群体互动的风险预警具备了现实可行性，而且使其拥有较高的灵敏度。该预警机制不依赖专家的判断，仅依靠大数据自身的分析判断即可发出预警。这是因为专家判断需剖析复杂的因果联系，而大数据判断直接基于相关性得出结论，故而更为灵敏高效。在大数据技术的推动下，网络群体互动的风险预警机制被置于风险治理的优先地位，实现了风险治理的"关口前移"。诚然，预测预警作为大数据应用的前沿领域，在全球范围内仍处于探索阶段，其实施需要强大的算力和卓越的信息挖掘能力，成功应用的案例并不多见。我国在大数据技术方面具备一定的领先优势，应当着力推动构建契合我国国情的大数据预警模型，切实将大数据的预测优势转化为实际的风险治理效能。

---

① 〔英〕维克托·迈尔·舍恩伯格、肯尼思·库克耶：《大数据时代：生活、工作与思维的大变革》，盛杨燕、周涛译，浙江人民出版社，2013，第16页。

② 〔美〕艾伯特·拉斯洛·巴拉巴西：《爆发：大数据时代预见未来的新思维（经典版）》，马慧译，北京联合出版公司，2017，第5页。

二 大数据技术助力网络风险预警的技术路线

在群体互动的进程中，当风险苗头开始呈现，且相关特征逐渐明晰时，此时尚未形成显著的消极影响。在此阶段，风险干预的核心目标主要聚焦于风险预警。风险预警堪称风险处置的首要防线，它是指依照特定的流程，凭借一定的方法与手段，对群体互动的风险源展开筛选与甄别，同时对网络舆情信息进行搜集和分析，进而针对群体互动风险出现的可能性以及发展趋向做出预判，并发出警示的过程。风险预警对于化解群体互动风险具有举足轻重的意义，它能够尽早察觉风险的蛛丝马迹，及时采取应对举措，有效防止各类消极影响的产生，是成本最为低廉的风险控制措施。

明确监测目标，是群体互动风险预警迈出的第一步。网络空间每时每刻都在源源不断地产生海量信息，而风险预警必须从这纷繁复杂的信息流中精准挖掘出风险因子，这无疑构成了风险预警的一大难点。无论采用何种监测手段，都必须确立明确的原则与方向，对信息进行有针对性的筛选，有所侧重和取舍。在实际操作中，可依据网络群体互动的演变特征与规律，结合事件本身的特性以及传播场域的特点，来锁定监测目标。面对网络上浩如烟海的信息，如何从中筛选出风险信息，已然成为风险监测亟待解决的关键问题之一。

从具体操作层面来讲，构建一套较为完善的风险监测机制，并掌握合理的网络信息监测方法，对于提升风险监测的效能至关重要。大数据在网络舆情语义分析与整理方面具备全面、高效、快捷的显著优势，将其应用于网络舆情监测，前景十分广阔。技术监测主要涵盖以下流程。一是话题识别。网络群体互动风险主要通过论坛、微博、即时通信软件等网络平台进行传播。这些平台信息承载量巨大，且包含大量非结构化信息，这使得对动态网页进行实时监测面临极大的挑战。将大数据技术应用于风险监测系统后，能够同时处理结构化与非结构化信息。它不仅能够依据预先设定的参数对网络舆情信息进行筛选与识别，还能够借助关键词搜索和语义分析，在海量舆情中敏锐地识别出风险因子。二是倾向性分析。从繁杂的网络信息中准确识别出风险信息，并对其趋势变化做出精准判断，是风险监测面临的又一难题。大数据监测系统依托其全样本分析能力，结合人工智能技术，能够对信息所蕴含的感情、态度、观点、立场以及意图等主观倾向进行大致判断，从而判定其中是否存在风险因子。三是自动生成摘要。在网络信息监测过程中，无论是人工浏览、技术搜索，还是运用网站监测技术和网络爬虫技术，都不可避免地会遭遇大量冗余信息。通过过滤冗余信息，并对同质化内容进行去重处理，能够筛选出有价值的信息。借助大数据技术手段，可实现对这些信息自动生成内容摘要，并以结构化存储的方式加以整理，为后续的舆情分析奠定坚实基础。基于舆情分析结果生成舆情趋势报告，为风险预警提供有力依据。四是舆情跟踪分析。利用大数据技术，能够清晰识别新信息与特定主题之间的关联。若某一主题持续涌现新文章、新帖子，便预示着该话题热度正在上升，存在引发群体互动风险的潜在可能。大数据舆情监测系统还能够深入分析人们对某个主题关注程度的变化，以及舆情的发展趋势和传播路径。一旦发现超过一定安全阈值的事件或突发的紧急事件，便及时发出警报，并根据系统监测及分析结果生成报告，为决策提供科学指导。综上所述，大数据技术能够综合运用搜索引擎技术、文本处理技术、知识管理技术以及自然语言处理技术等，实现对网络信息的自动采集、智能过滤、内容摘要以及统计分析，从而达到快速识别和定向追踪的理想效果。

三　大数据技术助力网络风险预警的技术指标

风险预警需基于舆情分析报告，提取并分析舆情的量度、强度和极度指标，针对超过警戒线的舆情发出预警。量度、强度和极度，是对舆情在三个维度上特征的标识，三者相结合，能够衡量某一信息源的风险程度。

（一）信息传播的量度

信息传播的量度特征，指的是信息在传播量方面的特征。量度标准并非针对特定信息总数量，而是针对一条信息的传播数量，这一特征反映出一条信息传播能力的强弱。信息量度是群体互动潜在风险的重要提示指标。量度大的信息在传播初期，信息总量或许并不大，但传播活跃度高，这显示其具备信息膨胀的巨大潜力，有可能引发舆论的爆发式增长。量度越大，信息的社会关注度越高。并且具有最大量度的信息标志着群体态度方向。信息量度的变化还能提示群体互动风险的发展阶段，量度快速增加的信息可能成为潜在风险，量度的持续增加也是群体互动逐渐出现偏移的标志性特点。在网络环境中，量度表现为网民点击、浏览、跟帖、转发、转载、评论的数量和频次。

（二）信息传播的强度

信息传播的强度特征，即网民参与意见表达的集中度。量度和强度既相互关联，又有所区别。一些舆情热点事件，高强度与高量度两个特征常常相伴而生、紧密相连。量度的增加表明舆论关注点的聚焦，往往会同时引发舆论强度的增加。或者顺序相反，具有一定强度的舆论事件在网民热烈讨论过程中成为舆论焦点，量度快速上升。但二者的联系并非必然，也并非总是成正比。一个事件信息若只是引起网民的普遍兴趣，但其本身冲突性不高，网民参与评论的热情就会较低，难以激发普遍情绪反应。也就是说，事件信息具有一定量度，但不具备一定强度，网民处于浅度参与水平，事件的量度不会持续发展，很快会被网络上新的信息所取代。若事件信息强度高，具有突出的冲突性、新异性、利益相关性，就容易引发网民的普遍关注，这样的信息即便当时量度不大，也会随着强度的增加而逐渐升温，出现量度上的急剧增加，而量度的增加会吸引越来越多的网民加入意见表达的阵营，强度会进一步增加。

（三）信息传播的极度

信息传播的极度特征，即网民参与意见表达的倾向度。极度是群体互动风险的标志性特征。一个事件信息即便引发网络热议，具备一定量度和强度，但意见倾向分散，众说纷纭，也难以形成群体高度一致的舆论指向。反之，若事件信息具有明确的指向性，网民在讨论中形成了压倒性的优势意见，且这种意见背后存在较高的群体一致性情绪作为背景，在没有因素阻断时，就会出现积聚效应和"沉默的螺旋"效应。也就是说，极度高的事件，网民意见卷入程度深，群体意见气候显著，容易形成强势的舆论氛围。极度往往在传播初期表现不明显，随着量度和强度的增加逐渐显现。极度特征的形成，也进一步推动了信息量度和强度的增加。

（四）量度、强度和极度指标应用的灵活性

社会生活的互动极为复杂，上述三个维度的指标很难用完全量化的方式衡量。例如量度指标，对点击量、转发量、跟帖量等基本数据设置不同的权重，就会得出截然不同的结论。同样是点击与投票，网民自然状态下的点击、投票与某些人或机构为达到特定目的而进行的点击、投票，其意义显然不同[①]。群体互动风险的发生是复杂的内生因素和外生因素共同作用的结果，某一议题舆情持续的时间，以及一个事件的舆情量度、强度、极度与同时期其他舆情的对比，也会影响该信息引发群体互动风险的可能性。社会环境中偶然性因素的介入，还可能使一个议题的量度、强度和极度发生不同程度的改变，扭转议题的发展方向。同样是参与讨论，不同参与行为的强度也有很大差别。点击和浏览的参与度较低，虽然能够计入量度，但对信息的强度和极度产生的影响不大，仅表明事件信息的网

---

① 安云初：《当代中国网络舆情研究：以政治参与为视角》，湖南师范大学出版社，2014，第166页。

络关注度较高。而转发则具有更高的参与度，不但推动了信息的传播扩散，还表达了转发者对信息的认可和关注，将自己纳入了传播节点，期望信息进一步扩散、引发他人的重视。评论则是更深层次的参与，人们通过参与评论表达明确的意见倾向[①]。意见倾向的表达方式存在个体差异，有的人用隐晦的文字、有的人用反讽、有的人用类比或者典故，表现形式多样，意义抽象，很难用统一的指标加以衡量，在当前技术条件下也难以用技术手段加以识别。

因此，量度、强度、极度这三个维度的指标，无法单纯依靠简单的统计数据与计算模型来衡量，机械化的统计计算结果很容易受数据左右。必须认识到数据监测存在局限性。网络信息不仅数量庞大，而且瞬息万变，其规模远远超出了人力可监测的范围。借助大数据监测方法，能够极大提升监测的时效性与效率。尽管技术监测具备全面、高效等诸多优势，但依然存在大量盲区。完全依赖技术手段实施网络监管并不现实。一方面，技术监测在理论上的全面性，在实际操作中难以彻底达成。即便最为先进的大数据技术，也无法实现真正意义上的全网搜索，且规避技术监测的手段不断涌现。当前，无论是门户网站还是论坛，对评论区内容的监测均存在盲点，一些符号、图片、表情包等内容信息难以被识别。另一方面，当前的监测技术在语义识别方面仍面临困境。群体互动本质上是群体共同情感的交互，而人类情感具有复杂的维度、内在的深度以及外延的广度，其表达形式丰富多样。技术监测虽在理性层面超越人类，但在感性层面无法与人类思维相媲美，对于信息中复杂且多层次的情感倾向，技术手段难以做出准确判断。简单的数据化监测极易陷入网络推手设下的陷阱，当网络推手介入某一网络舆情时，能够轻易制造出大量的点击量、跟帖量和转帖量。

① 安云初：《当代中国网络舆情研究：以政治参与为视角》，湖南师范大学出版社，2014，第167页。

因此，对于网络事件信息的监测，应当"是一种语义分析，而不是简单的编码统计"①。监测工作需依靠人工灵活把控、综合考量，采取定性分析与定量分析相结合的方式。既要关注事件本身的特性，又要关注网民的特点，同时还要全面考虑当时的社会环境与舆论氛围。这既要求舆情监测人员具备一定的经验，也需要网络监管机构做好协同配合与综合研判。

第二节　大数据技术助力网络群体互动的风险应对

群体互动风险预警旨在助力及时应对，最大限度降低网络群体互动在态度与行为方面的偏移。然而，仅完善预警环节，若缺少应对环节的有效配合，很难达成预期效果。鉴于网络群体互动具有不确定性，即便成功预警，风险也难以全然规避。若对风险信息缺乏有效应对，其会在网络上快速传播并发酵，导致风险应对局面更为复杂；而应对不当，可能引发传播变异，进一步加大群体互动风险。尽管群体互动风险无法完全预知和杜绝，但并非不可控。迅速且合理的干预手段能及时阻断风险扩散，消除不良社会影响。只要措施得当、运转高效，完全能够在第一时间掌控局势，引导社会舆论，甚至实现化危为机。

一　大数据思维在风险应对中的优势

对风险发展演变信息的追踪分析，是治理机制的关键组成部分，它为科学决策提供依据。在传统风险监控机制下，难以对短期内大量涌现的海量信息进行实时监控、筛选与甄别，这不利于稳定社会情绪，也不利于增进政府与民众之间的信任和沟通。相较于一般风险，网络群体互动风险的最大特性便是影响广、范围大，其风险发

---

① 金兼斌：《网络舆论调查的方法和策略》，《河南社会科学》2007 年第 4 期。

展演变的信息散布在不同地区和不同人群当中。在传统机制里，作为治理主体的政府，很难在短时间内对这些分散的信息进行汇总分析。当面临快速决策的客观需求与决策信息匮乏的现实之间的矛盾冲突时，决策者往往更多依赖经验。然而，仅仅凭借经验和直觉等主观因素来决策，是存在风险的[①]。

风险控制作为风险治理的核心目标，具有极强的直接实践性。达成这一目标，需要整合社会各方面的力量，调度各类社会资源，解决各个环节的复杂矛盾，这无疑是对社会治理能力的全方位考验。在治理力量的调动方面，随着社会生活越发呈现出多样化和多层次化的特点，对协调联动的要求也在不断提升。要在最短时间内完成力量整合、采取有效行动并恢复社会秩序，仅依靠传统的层级关系、行政命令以及任务分工等方式，已难以有效应对复杂多变的局面。在信息传递方面，传统监控机制采用纵向传递模式，严重缺乏横向的信息共享。这不仅会在信息的上传下达过程中浪费大量宝贵时间，还容易致使信息在传递中发生变形，同时引发各个平行单位之间的数据重复采集问题，造成资源的不必要浪费。而大数据思维更注重高效率、相关性和概率性，并非一味追求精确性、因果性和确定性。这使得人类在寻求量化分析以及提高认识效率的进程中，向前迈进了一大步，为解决风险控制过程中的诸多难题提供了新的思路和方法。

二 大数据助力风险应对的技术路线

尽管全样本采集的数据涵盖结构化、半结构化乃至非结构化数据，但在"数据价值"思维的协同下，计算机能够替代人挖掘出数据背后的规律，实现数据价值的最大化。网络群体互动中舆情发展演变态势复杂，高效地进行信息追踪与处理，可为风险应对争取宝

---

① Lorenzo Strigini, "Limiting the Dangers of Intuitive Decision Making", IEEE Software, Vol. 13, 1996: 101-103.

贵时间。大数据技术能够达成对风险的高效、精细的全流程动态追踪，为快速科学决策提供有力支撑。

基于大数据思维，可整合流式计算、分布式存储、云计算等技术手段，实现对舆情数据源的实时清洗、聚合与分析；借助大数据"价值性思维"衍生的"价值挖掘"技术，能够察觉"隐性舆情"，对多种数据展开并行处理与分析，达成舆情监控的全面覆盖；通过数据清洗、语义分析及特征提取等技术手段，可从网络舆论中精准筛选出风险信息。在大数据舆情分析的助力下，政府部门能够及时洞察民众关切，迅速做出权威回应，满足公众的信息需求，在信息应对速度上超越谣言与恐慌。

第三节　大数据技术助力网络群体互动的风险防范

网络群体互动所具备的公共性与扩散性，决定了风险治理不仅需要贯穿于网络群体互动风险发展的整个生命周期，还需强化整体统筹整合，确保流程之间、功能之间以及各级各类治理力量之间实现顺畅衔接，进而建立起沟通、信任与协调机制。

一　大数据思维在风险防范中的优势

传统风险治理机制存在整合程度不高的问题。一是从治理模式来看，主要采用"政府治理"的"单主体"纵向行政管理模式。尽管强调协调联动，但重点仍局限于政府各部门之间，对社会力量的整合力度不足。二是从治理结构来看，主要以政府部门的职能和层级为架构基础，依靠责任认定、职能分工和制度化应急手段开展工作。这种方式虽有利于明确责权、各司其职，却容易引发条块分割、各自为政的局面。三是从信息整合来看，治理结构的分散使社会力量之间形成"信息壁垒"。政府各部门、社会企业、社会组织等力量主体仅掌握"局部数据"，难以实现有效整合。部分地方还存在

"数据本位主义"，在数据开发和应用上各自为政，数据在功能上无法关联、标准上不能互通，极大地降低了信息使用效率。

在大数据思维模式下，数据在社会中实现共享流动。数据资源成为全社会最为宝贵的资源，社会分工不再依据所掌握的社会资源，而是基于数据资源来配置。各社会主体以数据为纽带，构建起一种"扁平化"的联结。在风险治理过程中，这种联结能够促进风险控制中的资源和力量联合，有效提升风险治理的效率。社会统一的大数据平台能够打破层级关系，摒弃层层上报的信息传递方式，实现各个节点在纵向上和横向上的无缝连接。

二 大数据助力网络风险防范的数据化联结

网络群体互动的风险治理需转向"数据驱动"。群体互动具有多变性和动态性，这使得固定的流程设计难以适应不断变化的客观现实。流程设置是人为设计的产物，不仅可能因主观认识与客观事实存在偏差而产生冲突，还可能由于流程设置的固定化和滞后化而僵化，进而成为灵活应对的阻碍。而在"数据核心"的范式中，"数据驱动"能够使治理各环节不再界限分明、按固定流程推进，而是依据数据实时变化和调整。风险治理所处的阶段、所指向的目标以及所做出的决策，都由数据推动，而非由流程规定。流程逐渐实现自动化、无形化，可随数据动态调整，这能够极大地提高风险治理的针对性。

网络群体互动风险治理要突出"数据价值挖掘"。数据的驱动作用通过价值得以实现，只有借助数据挖掘才能产生数据价值。当前，一些地方由于数据使用素养欠缺、大数据思维不足、数据技术分析力量薄弱等，对大数据提供的重要信息研判和分析不准确，仅仅将大数据作为一种数据统计和存储手段，缺失了关键的"价值挖掘"环节。部分部门的数据采集与实际应用严重脱节，采集的数据成为"死数据"，造成了宝贵数据资源的浪费。政府一方面需要转变治理理念，从"经验决策"转变为"数据决策"，将数据作为决策的主要依据、资源和工具，改变当前"重采集、轻分析"的大数据浅应用状况，重视数据的价值挖掘。另一方面，在人员配置上应专设数据分析机构，配备专职数据分析人员，将大数据专家纳入主要决策咨询的智库队伍，同时充分开展数据分析的政企合作，发挥多种社会力量在风险应对中的协同配合作用。

在大数据思维下，整体性是实现全信息采集、全流程监控的逻辑基础。从大数据来源来看，既有政府数据，也有企业数据，还有社会组织数据。这些不同的社会力量只有实现联合，形成整体性力量，才能保障数据自由流动，发挥数据驱动力。以大数据为联结，能够建立起政府与社会力量之间的伙伴关系，实现多元主体之间的数据优势、资源优势、技术优势和影响力优势互补。在数据化联结中，要充分发挥大数据中心的指挥中枢作用。各治理主体建立伙伴关系，并不意味着治理去中心化。相反，要有效整合社会力量，离不开强有力的政府主导。政府主导不仅体现在统一指挥、统一协调上，在数据驱动范式下，更体现在政府大数据中心的中枢性地位上。在国家大数据战略的推动下，近年来我国各地纷纷建设了大数据中心。大数据中心要在风险防范中发挥数据大脑的作用，在技术上作为核心数据库整合子系统数据库、外援数据库，在日常工作中进行数据监控、收集、分析、预警，在风险治理中发挥联合作战指挥中心的作用，依靠数据驱动整合多元社会治理力量，实现数据共享、行动统一、快速反应，达成运行功能上的无缝对接。

三　大数据助力网络风险防范的信息共享化联结

数据量堪称大数据的生命线，唯有实现数据的共享与流动，大数据的思维优势方能得以充分发挥。在风险治理进程中，无论是依靠数据驱动，还是进行力量整合，均离不开数据的透明、公开与共享。这就迫切需要打破社会中存在的数据壁垒，促使各个层面的风险数据汇聚到社会统一的大数据池中，达成风险数据的共享互通。具体而言，可以从以下三个方面着手。一是发挥政府数据优势，深化数据共享合作。政府在数据资源方面占据优势地位，对于一些专业型、技术型数据，政府部门需主动与企业、社会组织等机构开放共享，充分借助"外脑"的技术优势，强化数据的挖掘与利用。此外，还应进一步加强数据的深度共享，不仅要实现统计数据的共享，更要注重数据分析结果的共享，以此推动政府与社会组织在更深层次上展开合作。二是强化顶层设计，消除数据共享障碍。要着力消除影响数据共享流动的各类屏障，就必须加强顶层设计。当前，大数据流动面临着标准障碍，因此，促进数据应用标准的统一，是为数据共享奠定基础的关键举措。应当以制度形式明确规范数据交换的范围和流程，任何部门和机构都不得对共享范围内的数据流动设置障碍，以此保障数据能够有序流动。同时，建立政府有偿征用社会数据的制度，清晰界定多元主体在数据开放共享中的责任与权利，确保数据共享得以持续。对于社会数据资源，可通过协商交易的方式加以合理使用，从而激发社会力量参与数据共享的积极性以及保护其合法权益。三是依法保障数据安全共享，提升网络监管效能。大数据是一把双刃剑，巨大信息量的汇集也意味着存在巨大的信息泄露和滥用风险。所以，建立数据依法使用制度至关重要。除了要加强技术安全防护，对数据进行脱敏处理外，还需强化数据安全的宣传教育。要严格限定个人信息的使用范围和目的，确保个人信息在收集、使用、传递、储存的全链条中都具备安全性，防止数据共享演变为数据泄露和数据滥用。

网络安全屏障技术作为保障网络安全的关键技术，能够发现各种不良信息，并在第一时间发出预警，随即对信息进行清除、堵截、屏蔽等操作，或者限制用户从某些特定网站获取信息，是实现网络监管的有效手段。然而，当前的安全屏障技术在内容监管方面存在明显缺陷。因此，要着重加强人工智能在监测中的应用，提高监测识别度，同时做好技术监测与人工监测的互补，以堵塞监管漏洞。此外，当前还存在各安全屏障软件过滤标准不统一的问题，这导致了监管松紧程度不一，需要建立一套统一的网络安全屏障标准，实现标准之间的互联互通，从而提高监管效度。

| 第三章 |

网络群体互动的社会治理

网络群体互动所产生的风险，在各主体错综复杂的互动过程中滋生并发展。因而，风险防范绝不可能依赖单一主体来达成，而是需要众多网络治理主体共同参与，构建起一个紧密协作的治理共同体。多元化治理已然成为现代社会治理的基本发展趋向。在新时代背景下，网络治理应当充分彰显现代社会治理的先进理念，遵循网络社会发展的独特规律，进而形成网络治理共同体。所谓网络治理共同体，指的是以推动网络社会有序发展为共同目标，在对网络生活进行调控与规约的过程中所结成的共同体。

第一节 多元治理主体的横向联结

在 2018 年 4 月的全国网络安全和信息化大会上，习近平总书记强调，要构建"党委领导、政府管理、企业履责、社会监督、网民自律等多主体参与，经济、法律、技术等多种手段相结合的综合治网格局"①，强调在治网管网过程中，各部门、各地区以及各种力量必须协调联动。面对风险不断叠加变化的网络道德生活新态势，政府主体需积极转变治理模式与治理思路，秉持整体性治理原则，将各职能部门、各治理环节以及各治理手段进行有机的统筹整合，构

---

① 《习近平谈治国理政》第 3 卷，外文出版社，2020，第 306 页。

建起纵横交错、上下贯通的治理结构。从战略高度规划布局，到策略层面精准施策；从管理维度优化提升，到技术层面创新突破；从内容严格把关，确保信息真实可靠，到秩序有效协调，促进网络和谐稳定，再到安全全力维护，保障网络环境安全，全方位筑起一道抵御网络群体互动风险的坚固防火墙。

一　政府主体的治理转向

社会治理是"政府、社会组织、企事业单位、社区以及个人等多种主体通过平等的合作、对话、协商、沟通等方式，依法对社会事务、社会组织和社会生活进行引导和规范，最终实现公共利益最大化的过程"[①]。网络治理是社会治理的题中应有之义，互联网的快速发展给社会治理提出了新命题，考验着社会治理能力和治理水平。当前，面对网络社会日新月异的变化，我国的网络治理总体上处于滞后状态，不仅滞后于发达国家的网络治理水平，也滞后于当前网络发展的需要。网络群体互动具有广泛的连接性及跨域性，若政府主体受现有组织机构职责划分、属地管理影响，按照行政区划和行政级别进行治理，容易出现纵向上高组织协调力与横向上低整体联动力共存的局面，纵向联动虽高效，但横向联动不畅，网上网下联动不足，导致治理失灵、政策冲突和监管真空。

区别于传统社会主要由政府单一主体主导的社会管理方式，社会治理强调多元主体共同参与社会管理过程，主体之间形成多向互动和良性互补，是针对现代社会生活的复杂性和流动性设计的推进现代社会治理的新理念、新方略、新手段。网络群体互动风险的治理需构建吸纳网信、宣传、文化、外交、科技、经济等多个管理部门联合协作的机制，扭转政府主体间各司其职、各自为政、条块分割的局面，防止一些跨边界、跨领域工作沦为"真空地带"。在网络

---

① 蒋俊杰：《领导干部提升社会治理能力的方向与方法》，《领导科学》2014 年第 3 期。

群体互动的风险治理中，联动机制重点在于围绕网络群体互动风险发生的根源与发展趋势，联合事件涉及的多个部门，构建一个快速反应、线上线下联动的应对机制。政府主体需成立预警处置领导机构，负责制定应对预案和行动指南，纵向上协调上下级之间的沟通，横向上协调各部门之间的配合，必要时进行物资和信息调度，并负责善后事宜。由政府牵头成立由相关专家组成的顾问团，在应对过程中注重听取他们的建议和意见，也可通过他们更准确地了解社情民意，还要调动他们主动在网络上发声、充当专家型意见领袖的积极性。另外，要吸纳互联网企业、网络运营商、网络服务商等加入综合防控体系，明确其在日常防控、应急处理中应承担的监管和配合责任，对履责不善的互联网企业要约谈和惩罚，对尽职尽责、积极传播正能量的互联网企业要奖励和支持。

二 社会主体的积极参与

在参与治理的众多主体之中，社会组织发挥着特殊且重要的作用。政府主体作为社会治理的核心力量，在社会风险治理进程中，充当着组织者、领导者与推动者的关键角色。然而，政府凭借有限的人力与技术力量，难以在网络治理中做到事无巨细、面面俱到，传统社会"政府单一主体"的治理模式在网络社会中很难奏效。社会组织源自社会基层，与普通民众联系更为紧密，蕴含着丰富的社会资源与人力资源，在发动群众、凝聚人心方面能够彰显特殊优势。此外，社会组织在治理手段和方式上具备随机应变的灵活性，还拥有专业性强、技术力量雄厚等长处。

在网络治理中实现政府主体与社会组织的多元协同，是现阶段多数发达国家所采用的方式。当前，在我国的治理结构中，社会组织的力量较为薄弱。网络治理需充分调动社会组织参与的动力与潜力，促使社会组织将联系网民与服务政府、政府主导与自主性发挥、技术分析与信息采集等有机结合，充分尊重社会组织的自主性与主观能动性，从内在和外在两个维度激发社会组织参与风险治理的积极性。一方面，政府要做好社会组织参与社会治理的制度保障工作。当下，政府主体应将社会组织参与社会治理予以制度化，并提供相应的政策保障。要加快社会组织法的立法进程，从法律层面明确社会组织的内涵和范围、权利与责任，让社会组织参与社会治理有法可依。政府还需保障社会组织在社会治理中的正当诉求。鉴于社会组织大多自筹经费，政府可通过购买社会组织的专业性服务这一方式，调动其积极性，保障社会组织与政府合作的可持续性。另一方面，社会组织要提升自身参与社会治理的能力。社会组织应强化责任意识、服务意识和角色意识，以实现组织宗旨和目标为动力，发挥自身影响力优势，做好公众引导工作，或者发挥自身专业性优势，为政府和公众提供服务，在高质量的社会服务中提升自身的社会信用和社会声誉。

对于社会组织参与社会治理，一方面要大力保障，另一方面也要强化监管。因为部分社会组织涉及一定的经济利益，代表特定的群体力量，社会组织自身也潜藏着一定的风险因素。其一，社会组织自身要健全自律性管理制度，拥有正规的组织方式、严格的组织管理制度，遵守行业自律公约。政府主体在与社会组织合作时，要对社会组织的资质、组织状况、运行状况等展开评估，确保真正有影响力、有实力的社会组织参与到社会治理中来。其二，增加对社会组织活动的约束性条款，推动社会组织活动的规范化。应建立健全社会组织信息公开制度，完善社会组织信息的常规性发布机制。政府主体、行业协会、公众个人皆可作为社会组织的监督者。监督范围不仅应涵盖社会组织活动过程，还应包含对社会组织的意识形态监督。国家网络治理的目标和意志应在社会组织的参与中得以体现，社会组织要在政治上保持清醒、在思想上坚定信念、在价值上端正取向，保证在风险应对过程中网络治理共同体思想统一、认识统一、行动统一。

三 网络监管队伍的发展壮大

网络仅能作为工具理性而存在，网络监管的各类技术力量与方法手段充分发挥效用，取决于掌握这些技术与手段的人的主体理性。习近平总书记指出："网络空间的竞争，归根结底是人才竞争。"[①] 若要避免网络治理陷入"救火式"应对的被动局面，就需建设一支专业化、多元化的网络监管队伍。

（一）实现网络监管队伍专业化

首先，网络监管队伍需具备较高的思想政治素质。网络监管人员应拥有敏锐的政治感知能力与精准的政治鉴别能力，时刻关注国际国内热点事件，敏锐洞察社会舆论的发展态势，始终保持高度的职业使命感和社会责任感，为迅速、妥善地处置网络事件提供坚实支撑。其次，网络监管队伍的信息素养必须过硬。网络监管人员要对信息保持高度敏感，具备出色的信息把握与判断能力。互联网信息繁杂多样、真假难辨，形式层出不穷。网络监管人员作为技术监管的有效补充，需展现出信息识别的深度与精度，将那些技术手段难以察觉的风险源精准筛选出来。同时，还应熟练运用各种监测软件、搜索引擎等技术工具，深入了解各类技术手段的优势与局限，熟悉网络舆情的产生、发展规律以及不同信息源的特性。最后，网络监管队伍应具备高超的工作能力。网络监管人员要有严谨的逻辑思维与强大的分析能力。他们的职责不仅在于发现风险源并发出预警，更关键的是对风险源进行深入分析，对舆情发展做出合理推理与准确预测，并形成高质量的分析报告。分析报告的质量直接影响决策者的决策水平，这就要求网络监管人员具备卓越的信息分析能力，这也对网络监管队伍的整体素质提出了较高标准。

---

① 习近平：《在网络安全和信息化工作座谈会上的讲话》，人民出版社，2016，第23页。

（二）实现网络监管队伍多元化

网络监管队伍素质要求的全面性，决定了队伍组成的多元性。在人员构成方面，网络监管队伍既应涵盖政府工作人员、网络技术人员、新闻工作者，也应包含宣传干部、思想政治教育工作者、文化工作者。政府工作人员熟悉方针政策与管理流程，网络技术人员提供专业技术支撑与技术分析，新闻工作者在网络舆情分析中能够发挥专业特长，宣传干部和思想政治教育工作者则在舆论引导与思想引导上具备专业优势。队伍中还可吸纳一批网络活动经验丰富的新生代力量。他们与网民在生活方式上相近、社会心理上相通，能够强化与网民的联络和沟通，更有针对性地发现潜在风险并及时发出风险预警。在网络监管队伍里，不仅要有从事风险预警、技术监测、舆情分析的人员，还必须配备舆论引导人员，负责引导网民情绪，传播正能量。在日常工作中，要积极与网民形成良性互动，拓展话语空间。网络监管人员需具备较强的信息判断力与评价力，要对议题的起源、背景等进行深入剖析，充分认识议题背后的社会心理因素和社会情绪指向，始终秉持理性、客观的立场和态度，针对事件的发生、发展提出预警、分析以及决策建议，并主动介入、积极引导，最大限度降低网络群体互动中的风险性因素。

第二节　网络群体的弹性治理

网络治理需突破传统管理思维，秉持刚柔并济的原则，既不能"宽松软"导致话语权弱化，也不能"僵死硬"导致网络空间失去活力。网络监管措施务必界限清晰、对象明确，不可随意扩大范围、歪曲原意，坚决杜绝简单粗暴的"一刀切"做法，防止矫枉过正，引发网民的不满情绪。要展现出对网络社会多元主体不同利益诉求的包容，确保网民拥有充分的意见表达空间，这是维护网络空间自由、平等理念的关键所在。

一 树立弹性治理的理念

弹性治理要求政府的网络治理端正几种心态。一是改变对待网络民意不重视的心态。习近平总书记指出，要让互联网"成为了解群众、贴近群众、为群众排忧解难的新途径，成为发扬人民民主、接受人民监督的新渠道"①。如今，大多数群众活跃于网络，漠视网络民意就等同于漠视群众诉求，是脱离群众的表现。党员干部不仅要活跃在网上，更要成为用网懂网的行家，能够熟练运用互联网与民众沟通交流、引导舆论走向。二是摒弃对待网络民意"瞧不起"的心态。部分人对网民言论存在偏见，认为网民言论中情绪性内容居多，合理性和建设性不足。应当以包容心、理解心和耐心对待网络民意，对于不明真相的批评要耐心解释，对于情绪化的抨击要以事实为依据、以道理服人，秉持"有则改之、无则加勉"的开放态度。三是克服视网络舆情为"洪水猛兽"的心态。网络群体的意见表达具有促进民众监督、及时发现问题等诸多积极作用，其中还会涌现出许多好点子、好建议，能够推动社会治理的进一步完善。网络治理的过程也是政府与民众对话、交流的过程，对于网络意见的汇聚，不能只看到其风险性而忽视其积极意义，要对网民的意见进行理性分析，对于暴露出来的问题要认真解决、积极回应。

弹性治理要畅通民意表达渠道。我国在经济和科技飞速发展的进程中，既迎来了战略机遇期，也面临着社会调整的矛盾凸显期。社会经济生活的快速发展和社会结构的调整必然会导致不同群体之间的利益失衡。依据社会冲突理论，社会冲突是社会发展的常态，而社会冲突会滋生民众的消极情绪。若这种消极情绪得不到疏导，积累到一定程度就会产生破坏性压力。合法、正当的民意表达渠道，就如同缓解社会压力的安全阀，能够及时解决社会冲突，缓解消极

① 习近平：《在网络安全和信息化工作座谈会上的讲话》，人民出版社，2016，第8页。

情绪，避免情绪积聚引发不良后果。历史唯物主义认为，人民群众是历史的创造者，群众路线是马克思主义政党的基本路线，倾听群众的声音、了解群众的诉求是贯彻党的群众路线的基本要求。党和政府历来高度重视并切实保障人民群众的知情权、参与权、表达权和监督权。社会主义建设要充分调动各方面的积极性，妥善处理各种利益关系和矛盾冲突，实现好、维护好、发展好最广大人民的根本利益，就必须建立健全多层次的民意表达渠道。党员干部要深刻认识到，群众的知情权、参与权、表达权、监督权是社会主义民主政治建设的基本内容。党的十八大报告将"畅通和规范群众诉求表达"① 作为加强和创新社会管理的重要要求提出。在全面深化改革过程中，要推进多元化的民意表达渠道建设，把不断畅通基层群众诉求表达渠道作为党的作风建设的一项重要工作来抓。

二 满足公众的信息需求

互联网作为当代中国最为活跃的舆论平台，汇聚了 10 亿多的网民，产生着越发强大的虹吸效应。网络信息传播速度极快，传播渠道错综复杂、四通八达。唯有相关主体提供充足且权威的信息，满足人们的信息需求，才能澄清种种无端猜想，让事实真相得以还原。所提供的信息越全面、越清晰，谣言滋生的空间便越小。在风险应对过程中，相关主体应秉持积极、诚恳、沟通的态度，以负责任、有担当的形象与网民展开交流沟通，实现社会群体间的良性互动。

模糊不清的信息极易引发公众对信息不对称的焦虑与不满，进而诱发公众的消极联想。在自媒体时代，网络信息传播的碎片化特征越发显著。网络议题的信息源往往是只言片语的爆料，这些爆料常常仅截取事件中最具舆论价值的部分，缺失对事件所处情境、前因后果等相关情况的系统阐述，致使事件发生与其所处背景、环境

---

① 《十八大以来重要文献选编》（上），中央文献出版社，2014，第 30 页。

之间的关系被割裂。而社会舆论作为一种评价手段，绝不能依据一个完整事件中的部分信息得出。只有尽可能掌握全面的信息，社会评价才具备真正的社会意义。社会评价需坚持历史分析法和辩证分析法，这就要求将评价对象置于特定的道德情境中加以考量，通过因果分析、逻辑分析和实践分析来进行判断。倘若将事件与其发生背景相剥离，依据预设立场截取事件的部分信息加以传播，就极易得出错误结论。此外，从谣言产生和传播的机制来看，信息模糊常常是谣言滋生的温床。谣言常常通过偷换概念、以偏概全的方式被炮制出来，用以填补事件中不完整的信息。人们宁信其有、不信其无的从众心理成为谣言传播的动力，谣言在传播过程中还会发生新的变异，滋生出各种不可控的风险。因此，在提供信息的过程中，要畅通沟通渠道，以诚恳的态度安抚民众情绪，满足公众的信息需求，从根源上遏制谣言的传播。

充分提供信息，需从信息的质和量两个方面着手。其一，从量的角度而言，要提供尽可能丰富的信息。信息越全面详尽，公众就越能接近事物的本来面目。对于网络热点议题的发生原因、背景、过程等信息，要进行充分调查，整理出尽可能完整的事件信息，勾勒出事件的真实样态，并向公众公布，以满足公众的信息需求。倘若治理主体自身掌握的信息量不足，不必等到搜集好全部信息后再予以公布，可以将整理、验证后的信息分批次、分步骤公布，使事件信息逐步清晰化。当然，"尽可能多的信息"并非等同于全部信息。网络是目前最大的传播空间，信息披露必须严守法律红线和伦理底线，所披露的信息必须是适宜在公众场合传播的，要避免涉及个人隐私，防止造成其他不良社会影响。其二，从质的角度来讲，要提供具有针对性的信息。所谓信息的针对性，指的是信息对于公众的价值性。一个议题能够引发网络群体的热烈讨论，必然反映了公众相关的社会关切。故而，网络治理要认真剖析相关事件的缘起以及公众的需求，有针对性地制定应对策略。在公布的信息中，不能顾左右而言他，对公众关心的主要内容避而不谈，否则不但无法平息舆论，反而会因含糊其词给人留下避重就轻的印象。此外，发布的信息应当重点突出、表述直接、简明扼要，便于普通民众理解和接受，不宜过多铺陈修饰，进行冗长的逻辑论证，也不宜夹杂过多情绪性内容，以免主要信息被淹没，确保信息具有良好的易接受性。

三　畅通社会群体的沟通渠道

沟通是社会交往的润滑剂，是社会成员之间增强信任、加深了解的基础。充分提供信息以及充分表达诚意，是实现良好沟通的有效方式。信息的交流与情感的传递，都需借助一定的沟通渠道方能达成。倘若沟通渠道受阻，便会使信息不对称、情感无法流动，进而使群体之间的隔阂加深、猜忌加重、误解更为严重。人为堵塞沟通渠道非但无法降低风险，反而会激化矛盾，增加情绪爆发的潜在能量。网络治理切不可将网络意见视作洪水猛兽，而应以理解、宽容的态度对待网民舆论，用理性、科学的态度对网络民意加以甄别，择其善者而从之，构建起不同社会主体间理性沟通、宽容对话的机制。情感在人的心理系统中具有动力性作用。沟通交流一方面是信息的交互，另一方面也是情感的互动。情感因素在网络群体互动中始终发挥着重要的推动作用。因此，网络群体互动的风险应对必须充分考量网络舆论背后的情感因素，展现出对网民情绪的充分理解与足够尊重，通过诚恳的态度、真挚的情感以及真实可靠的信息充分表达诚意，切忌干巴巴地说理和发布冷冰冰的公告。

首先，相关主体要及时、主动回应舆论。相关主体及时、主动回应舆论至关重要。及时回应彰显出对公众意见的重视，主动回应则体现出对公众意见的尊重。及时、主动回应舆论，是表达沟通诚意、安抚网民情绪的关键手段，向网民传递出诚恳的态度以及对话交流的意愿。许多网民有时仅仅是"要个说法"，倘若主体态度消极，面对网络舆论三缄其口，不回应、不理睬、不发声，表现出漠视公众舆论、逃避相应责任的态度，就会进一步激发公众的情绪，导致事态恶化。

其次，要勇于承担、适当解释。主体需对舆论关注的主要问题以及事件涉及的主要方面逐一作出回应。即便存在尚未掌握或者不便公开的信息，也应当作出解释说明。与此同时，要积极采取弥补措施，并做好后续跟进工作。对于已经造成的不良影响，要有切实可行的弥补方案；对于尚不清楚的事实，要持续深入调查，并将后续信息及时向公众公布。主体在向公众公布信息时，可采用多频次跟进的方式。实践表明，在总信息量不变的情况下，增加信息公布的频次，逐步增加信息量，能够提升沟通效果，更充分地展现主体的沟通诚意。在回应时，应当附带一定的评论性信息，融入一定的情感表达，体现出对议题所承载的社会情绪的理解与尊重。当事人发布的信息可适度加入忏悔、愧疚、同情、气愤、感激等具有情感色彩的内容。

再次，要畅通相关主体与网民群体的沟通渠道。相关主体作为网络议题的主要针对者或信息的权威发布者，其与公众的沟通是网络群体互动风险应对的关键环节，是双方交流信息和意见、表达诚意与谅解的重要渠道。无论是个人主体、政府主体还是社会组织主体，都应在沟通中设置与网民直接交流的环节，营造坦诚对话的沟通环境，增进彼此间的信任。尤其是政府主体，要提升应用新媒体与民众沟通的意识和能力，防止官方舆论场与民间舆论场脱节。沟通需要交流，有效的沟通并非单方面的发言，而应是一个有讨论和回应的过程。在沟通中，政府部门并非单纯的行政命令的发布者和执行者，而是网络中与社会组织、普通民众平等交流的共同主体。通过与网民的沟通交流，展现服务型政府的良好形象，赢得公众的信任和支持。

复次，网络圈层化互动容易引发群体之间的意见分歧甚至对立，常常表现为不同群体各执一词，在各自立场上不断强化群体观点，不愿正面回应、尝试理解和接受其他群体的观点。对立和攻击非但不能促进观点的交流，反而会加剧群体的封闭以及群体间的隔阂。因此，要畅通不同群体之间的对话交流渠道，打破封闭群体的"信息茧房"。各群体可在公共平台上各抒己见、理性交流，避免情绪化的指责和恶意攻击。权威媒体可就相关议题组织不同群体的代表人物参与理性讨论，各自呈现事实依据，避免情绪化攻击和非理性发泄。媒体还可进行深度比较分析，释疑解惑、以理服人，通过讨论促进群体间的互动和信任。从技术层面而言，要限制网络协同过滤机制对群体意见的隔离作用，在网络媒体中设置多种意见的链接，确保意见的多元化呈现。

最后，要增强网络沟通的底线意识。法律是道德的最低标准，网络群体互动绝不能逾越法律的底线。要为网络沟通设定明确的底线和红线，网络群体的信息交流不可演变为信息泄露，情感交流不能沦为侮辱谩骂，互相沟通不应变成互相攻击，同时明确违背这些原则应当承担的道德和法律责任。

四　加强对网络群体互动的引导

首先，要模糊群体成员对意见气候的预期。网络群体虽身处虚拟空间，借助虚拟符号展开交流，但在意见交流过程中，成员彼此间对意见倾向有所了解。部分网络社区依据共同的价值倾向、意见倾向或是兴趣爱好组建而成，群体成员能够切实感知到明确的群体意见氛围。倘若在群体讨论开启前，群体中便潜藏着对某种意见倾向的期望值，这便会在无形中对群体成员的意见表达形成限制——与该倾向一致的意见会得以强化表达，而不同意见则会减少表达甚至不表达。如此一来，在群体讨论尚未正式开始时，"沉默的螺旋"效应实际上已经悄然出现。而模糊群体期望值，正是避免这一现象发生的关键路径。一是在网络社区的组织上，应避免单纯以意见倾向作为建群标准，同时在群体日常意见表达过程中，也要竭力防止意见过度集中的状况，努力营造出意见多元、交流理性的群体环境。二是在群体讨论过程中，应安排不同意见倾向的成员依次轮流发言，防止某一种意见在同一时间段内集中大量表达，以免让群体成员感受到强烈的意见压力和群体期望。同时，要积极鼓励群体成员在表达意见时，提供充分的事实依据和确凿证据，摒弃单纯的情绪性表达。

其次，要改进群体决策程序。"沉默的螺旋"效应主要源于个体公开发表意见时所面临的群体压力。若能在群体决策程序上加以改进，减轻群体成员公开发表意见时承受的主观与客观压力，便能有效降低群体意见的集中程度。无记名投票是现实生活中降低群体因素对个人意见影响的重要方式，这一方式同样可应用于网络群体决策。尽管网络讨论多为匿名形式，但成员在群体中仍拥有相对稳定的网名、网络 ID 等个人资料，这就使得公开表达不同意见依旧存在被群体孤立甚至遭受围攻的风险。为缓解群体压力，可针对特定意见在网络上发起匿名投票，使投票者的个人信息不被其他成员知晓，如此收集到的意见会更为分散。当群体意见倾向过度集中，且群体讨论中的非理性因素持续增多时，应适时暂停群体讨论，给予群体意见和情绪一段冷静期。在群体决策过程中，不能单纯依据少数服从多数的原则，要允许少数意见方提供证据、阐述理由，并鼓励成员展开多种意见的交流。心理学研究表明，新奇性、有趣性、权威性是影响意见说服力的重要因素。可鼓励少数意见方提供更具新奇性和趣味性的证据，以吸引群体成员的关注；也可借助权威人士或群体意见领袖的影响力，对少数意见予以肯定和支持，从而吸引更多群体成员接纳。

五　防范网络议题的"长尾效应"

长尾效应源于经济学，用于阐释在市场需求的正态分布曲线中，

"尾部"相较于"头部"具备更大市场潜力的现象。在传播学领域，长尾效应指的是那些处于传播"尾部"的非主流、非关键信息，借助网络积聚效应，反倒成为传播主流的情形。"长尾效应"与网络传播中的"蝴蝶效应"相互交织，充分展现出网络传播的变异性与风险性。个体网民从本质上来说处于网络传播链的"尾部"，所拥有的话语权较为有限。然而，在自媒体时代，倘若某一边缘化信息引发普通网民的广泛关注，便能够形成强大的话语影响力。网络群体互动极易催生网络舆论流瀑，不管是个人主体、政府主体，还是社会组织主体，都不具备全方位应对的能力。所以，在风险应对过程中，应当抓住主要矛盾，针对影响力较大的意见以及破坏力较强的谣言展开干预。

网络群体互动会在社会生活中留下群体记忆。群体记忆（Collective Memory），也被称作集体记忆或社会记忆。1925 年，法国社会学家哈布瓦赫（Maurice Halbwachs）首次明确提出集体记忆的概念，他认为，"记忆首先不是生理现象，其次不是个体心理现象，而是一种与他人相关的群体——社会现象。一个人的记忆需要他人记忆、群体记忆来唤起"，因此"存在着一个所谓的集体记忆和记忆的社会框架"[1]。社会学家康纳顿（Paul Connerton）指出，"我们对现在的体验，大多取决于我们对过去的了解；我们有关过去的形象通常服务于现存秩序的合法化"[2]，其认为，社会记忆是人类普遍的文化现象。我国学者孙德忠将社会记忆定义为"人们在生产实践和社会生活中所创造的一切物质财富和精神成果以信息的方式加以编码、存储和重新提取的过程的总称"[3]。群体记忆是人们在社会生活中逐步形成和构建的。它并非个人记忆的简单集合，而是处于群体中的个

---

① 〔法〕莫里斯·哈布瓦赫：《论集体记忆》，毕然、郭金华译，上海人民出版社，2002，第 60 页。

② 〔美〕保罗·康纳顿：《社会如何记忆》，纳日碧力戈译，上海人民出版社，2000，第 3~4 页。

③ 孙德忠：《重视开展社会记忆问题研究》，《哲学动态》2003 年第 3 期。

体所接受的共同认知、集体认同、共同活动等所形成记忆的叠加。特定的群体记忆蕴含着社会一定的价值取向、公众心态、认知模式、伦理规范等文化特征，并通过人与人之间的社会交往得以传承，体现出一定群体的文化内聚力与同一性。网络群体互动所产生的舆论在网络上会持续一段时间，议题本身也会成为群体记忆的一部分，引发的社会情绪成为社会情绪气候的重要积淀，进而沉积在社会文化之中。此后，当类似事件发生时，集体记忆将被激活，甚至产生叠加效应，从而容易导致进一步的意见和行为偏移。

　　网络治理的一项重要内容，便是要消除消极群体记忆。增加新近的积极记忆是消除消极记忆的有效方式。这里所说的"新近"的距离，既涵盖意义距离，也包括时间距离。群体记忆的方式丰富多样，内容也极为繁杂。但出于安全需求，为了避免再次遭受伤害，人类总是对那些创伤性记忆最为敏感。因此，消极群体记忆格外容易被现实中发生的类似事件激活。而新的事件又会作为新的记忆素材融入社会记忆，进一步强化原有的记忆。从这个层面来讲，类似的事情反复发生，无异于反复强化人们的同类记忆，使得这种社会记忆更加深刻，也更容易流传。此外，那些在时间上离现实越近的记忆越容易被激活，这种现象可以运用心理学上的"近因效应"来解释，即促使人们记忆形成的是最近出现的刺激。当最近的刺激足够强烈时，可以扭转或覆盖"首因效应"。也就是说，人们对最近的信息印象最为深刻，对最近的情感体验也最为深刻，所以可以用持续的正面记忆覆盖。

第三节　网络舆论的有效引导

　　习近平总书记强调，"互联网已经成为舆论斗争的主战场"，要"做大做强主流思想舆论"①。舆论引导是特定主体对社会舆论进行

---

　　① 《习近平关于网络强国论述摘编》，中央文献出版社，2021，第50、74页。

组织、选择、解释、加工，从而促使社会舆论按照期望发展的社会过程。在传统社会中，媒体控制着信息的发布权和传播权，对舆论导向具有决定性作用。网络治理，内容治理是重点。党的十八大报告提出，要"加强和改进网络内容建设，加强网络社会管理，推进网络依法规范有序运行"[①]；党的十九大报告再次强调，"加强互联网内容建设，建立网络综合治理体系，营造清朗的网络空间"[②]。网络媒体的内容生产，已不再单纯依赖媒体工作人员，而是将网民也纳入了内容生产者的范畴。如今，大量网络内容源自自媒体。从舆论数量、覆盖面以及讨论频度来看，传统媒体丧失了优势，进而失去了主导网络舆论的能力。在网络社会众声喧哗的舆论态势之下，正确开展舆论引导成为网络治理的必要举措。

一 加强马克思主义意识形态的政治引领[*]

马克思主义认为，伦理道德是意识形态的构成内容之一。伦理道德关系与其他社会关系一样，反映着特定历史时期的生产关系。运用特定历史条件下的道德规范开展道德评价活动，属于特定意识形态指导下的道德实践活动。马克思主义意识形态是我国的主流意识形态，是中国特色社会主义的意识形态基础。加强对网络道德的舆论引导，首要任务是提升马克思主义意识形态在网络空间的影响力。一种意识形态的影响力最终体现为话语影响力。主流意识形态在网络话语权上的式微，必然会致使网络道德评价的价值偏离，进而为西方意识形态的渗透创造机会。话语权不同于行政权力，其提升无法依靠国家机器、条文以及命令来实现。网络传播主体的多元化打破了现实社会中媒体对意识形态的垄断，人们拥有了更多的信

---

① 《十八大以来重要文献选编》（上），中央文献出版社，2014，第 26 页。
② 《十九大以来重要文献选编》（上），中央文献出版社，2019，第 29 页。
* 本部分内容刊发于《齐齐哈尔大学学报》（哲学社会科学版）2020 年第 11 期，题为《风险社会视域下网络空间意识形态引领力提升的多维进路》，本书作者为该文的第一作者。本书引用该文内容时有所改动。

息选择渠道和更大的选择权，以往漫灌式的思想宣传手段效果大幅减弱。因此，必须开拓新空间、探寻新路径，以提升主流意识形态的吸引力、传播力和影响力。

（一）提升马克思主义意识形态网络吸引力

马克思主义的传播必须适应网络新环境，而提升吸引力是关键的第一步。唯有能够吸引网民关注、引发网民兴趣，才有可能进一步产生解释力和影响力。缺乏吸引力的意识形态传播，注定会沦为曲高和寡的"独角戏"，难以取得显著成效。要提升马克思主义意识形态话语的吸引力，就必须转变其传播的话语方式，从高冷的学术话语、严肃的政治话语，转变为亲切的生活话语、生动的网络话语。把宏大的马克思主义理论，细化为观察生活、处理问题的一系列立场、观点和方法，用生动的事实、典型的事例说话，以群众喜闻乐见的文化形式进行表达。

网络空间意识形态引领若要提升吸引力，就务必走好"网上群众路线"。习近平总书记指出，"网民来自老百姓，老百姓上了网，民意也就上了网"[1]，"网信事业要发展，必须贯彻以人民为中心的发展思想"[2]。化解意识形态风险，归根结底要依靠人民的支持，网络意识形态工作，本质上就是要在网络上赢得人心。网络意识形态工作不能仅靠党政部门独自奋战，而是党领导下的一场"人民战争"。人民既是网络意识形态工作的参与者，也是最终的受益者。在网络环境中，人民是话语力量的主体，主流意识形态的网络话语权，最终体现为有多少网民成为"红色粉丝"，有多少网民坚定地站在马克思主义的立场上。党对网络意识形态的领导，必须坚持人民立场，牢牢把握人民性原则，使网络意识形态斗争拥有坚实的群众基础和广泛的力量来源，从根本上避免网络意识形态工作陷入空泛化、虚无化、抽象化的错误倾向，增强网络社会的力量凝聚。一是要体现人

---

① 习近平：《在网络安全和信息化工作座谈会上的讲话》，人民出版社，2016，第7页。
② 习近平：《在网络安全和信息化工作座谈会上的讲话》，人民出版社，2016，第5页。

民心声，回应人民诉求，将互联网的大发展与满足人民日益增长的物质文化生活需要紧密结合，降低网络使用费用，提高网络服务水平，治理网络空间环境，切实保障人民群众的网络使用权和收益权，让人民能够共享互联网发展的成果。二是要做好网络民意的收集工作。网络意识形态风险，根本上源于现实风险。要在互联网上赢得人心，就必须解决好现实生活中人民反映强烈、需求迫切的问题，把网络当作联系群众、服务群众的重要通道。对广大网民，既要进行管理和引导，也要给予信任和尊重，使他们在网络活动中拥有存在感、获得感和主人翁感。三是要提高处理复杂舆情的能力。对于网民的非理性情绪，应采取理解、安抚的态度。对于一些群众反映强烈的问题，不能简单地采用拦、堵、删的方式来掩盖和回避，而要及时予以澄清，真心实意地解决问题，以诚恳的态度和切实的行动，赢得网民的信任、理解和支持。

（二）提升马克思主义意识形态的网络传播力

网络扁平化的传播方式，极大地削弱了传播主导权与控制权。马克思主义意识形态若想在传播进程中赢得话语主导地位，有力压制众说纷纭的非主流意识形态声音，就必须转变思想宣传方式，精准把握网络传播的规律与技巧，全力以赴提升主流意识形态话语的传播力。具体而言，可从以下两大方面着力。一是要在网络上建立交流与对话机制，营造马克思主义的在场感与代入感，充分彰显马克思主义在实践中的强大说服力与引领力。精准把控传播的时机、力度与效果，切实提高马克思主义意识形态网络传播的议程设置能力。在议题选择上，务必突出思想导向，着重推出兼具震撼力、影响力以及正能量的优质议题，坚决抵制低俗化、情绪化、娱乐化的不良议题选取倾向。二是要激发人民伟力。首先，要激发人民对意识形态风险的抵抗力。一方面，大力开展网络知识教育、安全教育以及伦理教育，全面提升人民的媒介素养，增强民众的信息辨识能力，强化自我约束意识，积极培育理性参与、严格自律的良好网络风气。另一方面，着力增强人民的"四个自信"。唯有人民发自内心地对中国特色社会主义道路充满坚定信心、对中国特色社会主义制度持有笃定信念、对中国特色社会主义理论饱含深切信仰、对中国特色社会主义文化怀有高度认同，才能凝聚起抵御不良倾向影响的强大内在力量，在任何风险挑战面前都能始终保持旗帜鲜明、立场坚定。其次，要激发人民的网络创造热情。人民群众中蕴藏着巨大的创造活力与热情。有效激发这种创造力，能够极大地丰富网络生活内容，显著提升网络发展水平。要积极支持和鼓励群众创作积极健康、乐观向上的网络文化产品，推动提供更多有益的网络技术服务，充分激发网络空间的蓬勃生机与活力。此外，精心组建一支网络"朝阳群众"队伍，广泛吸纳一批网络意识形态宣传和监督的志愿者，充分调动群众参与传播主流意识形态、防范网络空间风险的积极性与主动性。

（三）提升马克思主义意识形态的网络影响力

马克思主义网络化绝非仅仅是将马克思主义的内容搬到网络上这么简单。鉴于网络传播具有即时性、广泛性、交互性等特点，需要对马克思主义理论的话语方式、话语载体等进行改造与创新，以此克服在马克思主义传播过程中可能出现的僵化、教条化以及文本化等倾向。要把宏大的马克思主义理论细化为人们观察生活、处理问题时可用的具体立场、观点和方法，将宏大理论与现实描述紧密相连，把抽象的社会理想与现实需求有机结合，也就是采用人民群众最容易接受的方式来传播马克思主义。首先，要在网络空间强化马克思主义的理论权威地位。马克思主义自身具备实践性、批判性以及理论的严密性，中国特色社会主义的成功实践，这些都为我们在意识形态领域的斗争提供了极为有力的武器。巩固马克思主义的指导地位，是牢牢掌握意识形态工作领导权、管理权、话语权的重要保障。要清晰界定马克思主义与非马克思主义、假马克思主义之间的理论边界，深入揭示马克思主义的科学性、系统性和实践性，充分展示马克思主义的理论深度与实践广度，凸显马克思主义包容、开放、善于对话的理论品质。同时，要不断将崭新的实践成果提炼升华为创新的理论，以此确保马克思主义始终充满生机与活力。其次，要在网络空间强化马克思主义的实践权威地位。增强马克思主义对现实的解释力，深度挖掘马克思主义对当前社会实践的指导作用，以中国特色社会主义的成功实践作为马克思主义正确性的最佳例证，用鲜活的事实驳斥"马克思主义过时论"这种错误观点。当下，强化马克思主义的权威性，重点在于学习马克思主义中国化的最新成果——习近平新时代中国特色社会主义思想，并将其确立为一切工作的指导思想。此外，还要做好对习近平新时代中国特色社会主义思想的理论阐释工作，推动其在实践中的有效落实，加大思想宣传力度。

（四）加强党对网络意识形态工作的全面领导

网络风险治理主体呈现多元化特征，但主体的多元化并不意味着无中心化。若以网络主体多元化来取消中心性，必然会导致网络空间意识形态杂乱、思想导向模糊。党是当前各项事业的领导核心，是领导网络意识形态工作的核心力量，党性原则是意识形态工作的首要原则。习近平总书记强调："所有宣传思想部门和单位，所有宣传思想战线上的党员、干部都要旗帜鲜明坚持党性原则。"[1] 西方意识形态对我国主流意识形态的攻击尽管花样不断翻新，但其根本目的始终未变，即攻击马克思主义、攻击党的领导、攻击社会主义制度。要防止西方意识形态和各种非马克思主义意识形态在网络舆论场中乘虚而入，就必须充分发挥党的政治引领作用，凭借党的集中统一领导凝聚多元化的网络力量，使网络空间既能保持生动多样的态势，又能确保正确的发展方向。

要加强党对网络意识形态工作的顶层设计。顶层设计旨在统揽

---

[1] 《习近平谈治国理政》，外文出版社，2014，第154页。

全局，为网络意识形态工作绘制蓝图、指引方向，统筹协调网络意识形态工作的各个要素与各个方面，是党管网络意识形态的关键落脚点。习近平总书记关于网络强国的重要思想，深刻解答了当前及今后一段时期内网信工作的一系列重大理论和现实问题，是当下网络意识形态工作进行顶层设计的根本依据与基本遵循。其一，要进行总体布局，制定网络安全的国家战略，明确战略目标、方针原则、实施举措，界定我国网络空间的主权边界，阐明我国的基本立场和重大关切。其二，要探索出一条具有中国特色的网络治理道路。西方网络治理的成功经验可以借鉴，但绝不能盲目照搬，需立足中国国情、网情，构建网络治理的中国模式。其三，要构建一套党领导的网络管理与治理相结合的体系，形成党委领导、政府管理、企业履责、社会监督、网民自律等多主体参与，经济、法律、技术等多种手段相结合的综合治网格局。此外，还要将各种力量有效整合，突出关联性、协调性、可操作性，坚持管用防并举，彰显社会主义网络治理的独特优势。

要提高党领导网络意识形态斗争的能力和水平。习近平总书记强调："善于运用网络了解民意、开展工作，是新形势下领导干部做好工作的基本功。各级干部特别是领导干部一定要不断提高这项本领。"[1] 网络空间是意识形态领域的重要阵地，各级领导干部肩负守土之责，务必确保网络阵地处于可管控、可信赖的状态，绝不能将其拱手让人。首先，领导干部需增强风险意识。要对网络意识形态斗争的严峻形势保持清醒认知，具备见微知著的前瞻性思维，及时察觉风险苗头，精准研判风险性质，并在最短时间内做出有效应对。其次，领导干部还应增强斗争意识，实现角色转变与认识更新，要善于主动上网，不能成为"网盲"，切不可持"事不关己"的看客态度冷眼旁观。在大是大非面前，要勇于发声，理直气壮地揭露、

---

① 习近平：《在网络安全和信息化工作座谈会上的讲话》，人民出版社，2016，第 7 页。

旗帜鲜明地批驳错误观点，坚决维护马克思主义意识形态的领导地位。

要提升领导干部的意识形态辨识力。其一，领导干部要具备透过现象看本质的能力。许多看似具体的问题，实则背后隐藏着意识形态问题。对于隐含在各类网络议题中的意识形态内容，领导干部要有精准的辨识提炼能力，深入剖析网络意识形态风险背后的推动力量，明确其是西方敌对势力、国内反马克思主义力量，还是不明情况的群众；是有预谋的破坏行动、有意识的自觉行动，还是无意识的盲从行动。其二，对于不同性质的问题要加以区别对待。要将一般性内容、正常的个人意见、非马克思主义内容、反马克思主义内容清晰区分开来，把同志关系、人民内部矛盾、敌我矛盾准确辨别清楚。同时，要把握好政治红线和意识形态界限，明确辨识哪些言论是无伤大雅、可以表达的，哪些言论是潜藏风险、超越红线的。对于网民的非理性表达，要秉持理解、包容的态度，采用教育、引导的方式加以处理。对网民反映的问题要及时、正确地予以解决，切不可采取简单的掩封堵方式，避免小问题演变为大问题、局部问题发展成全局问题。

二　加强社会主义核心价值观的价值引领

任何评价都有显性或隐性的标准作为衡量尺度。社会主义核心价值观本质上是一种德行要求，它界定了社会主义的价值指向与道德要求，既涵盖个人的德行要求，也包含国家和社会的道德要求，是对当代国家层面、社会层面和个人层面道德要求的高度凝练与集中概括，在多个层面为社会主义道德实践提供了指引。社会主义核心价值观中所蕴含的国家层面、社会层面和个人层面的行为准则相互依存、相辅相成，秉持兼容并包、科学辩证的价值立场，追求社会最大限度的价值共识，体现了社会主义制度下国家、社会、个人在道德目标上的一致性，有助于凝聚社会道德共识、树立共同的道德信仰与道德追求，从价值层面化解群体互动中的风险。

（一）以社会主义核心价值观在国家层面的要求引领网络舆论

富强、民主、文明、和谐，是中国特色社会主义制度与中国特色社会主义道路所孕育出的伟大精神财富，彰显了社会主义道德的整合力、凝聚力与推动力。在网络舆论涉及国家层面相关内容时，应当充分体现社会主义核心价值观于国家层面的道德要求，以有利于国家富强、推动国家发展，有利于民族和谐进步为衡量准则，引导舆论与一切破坏团结、破坏民主、破坏稳定的行为展开坚决斗争。网络舆论应展现出强烈的社会责任意识与深厚的家国情怀，将爱国主义确立为重要的价值导向，把爱国、爱党、爱社会主义的情感融入其中。要把社会主义核心价值观全方位贯穿于网络产品的制造、传播以及评价的全过程，使其成为网络空间的主旋律与主基调，着力抵御网络空间中西方话语霸权的侵蚀。对社会主义核心价值观的阐释和宣传，必须运用中国理论、中国话语，立足中国模式，凸显中国特色，以此达成澄清思想混乱、填补话语空白的目标。

（二）以社会主义核心价值观在社会层面的要求引领网络舆论

自由、平等、公正、法治，是中国人长久以来孜孜以求的社会伦理原则。中国特色社会主义的发展进程，是一个持续推动社会迈向更加自由、平等、公正的进程，同时也是社会主义法治不断健全完善的进程。社会主义核心价值观不仅明确肯定了自由、平等、公正、法治的伦理价值，还规定了社会主义道德的基本价值原则。其一，网络舆论应当充分体现社会主义意识形态对"个人自由"与"集体自由"的辩证理解，需从推动全人类自由全面发展的宏观高度来阐释自由的内涵、维护自由的价值，坚决抵制西方"自由主义"思潮对道德生活的侵蚀。其二，网络舆论要切实展现出对社会公平正义的坚定坚守。公平正义是伦理学的基本命题之一，追求公平正义是人类的基本伦理诉求。网络道德舆论要坚决反对道德相对主义，反对将个人选择的"自由"过度绝对化而忽视社会伦理道德的普遍规范。一方面，要积极发挥舆论在道德监督和道德评价方面的作用，借助道德舆论实现抑恶扬善的目标；另一方面，必须秉持客观公正的立场，不传播虚假不实信息，不刻意煽动和渲染公众情绪，在法治的框架体系内理性表达看法、发表言论，不以道德评价为借口侵犯他人的合法权益，从而营造出客观、理性、文明的网络舆论环境。

（三）以社会主义核心价值观在个人层面的要求引领网络舆论

爱国、敬业、诚信、友善，作为社会主义道德在个人生活实践中的具体呈现，是社会主义所积极倡导的个人层面的优良品德与行为规范，充分体现了集体主义的基本原则，涵盖了爱祖国、爱人民、爱劳动、爱科学、爱社会主义的道德要求，实现了社会公德、职业道德、家庭美德的有机统一。网络道德舆论应当坚守这些基本道德准则，积极推动中华优秀传统文化中知书明理、仁爱友善等基本价值的现代转化。在进行道德评价时，应以社会整体利益为基本出发点，致力于追求道德生活中真、善、美的有机统一。同时，网络舆论需秉持人文关怀的原则，精准把握道德评价的尺度，防止因过度道德评价、道德审判而滋生新的道德问题，进而引发社会群体的分裂与对立。

应当以社会主义核心价值观为引领，培育自尊自信、理性平和、积极向上的社会心态。党的十九大报告站在打造共建共治共享的社会治理格局的战略高度，明确提出培育"自尊自信、理性平和、积极向上的社会心态"[①] 这一重要任务。在网络群体互动中，呈现出多种社会心态。以社会主义核心价值观培育自尊自信的社会心态，重点在于引导民众直面现实、正确认识自我，做到既不盲目自大，也不妄自菲薄，有效避免陷入自我封闭的心理困境。当涉及国家和民族利益时，要从爱国这一核心价值理念出发，既能客观审视国家发

---

① 《十九大以来重要文献选编》（上），中央文献出版社，2019，第35页。

展进程中存在的问题，又能坚决摒弃盲目崇洋媚外的心态。培育理性平和的社会心态，需从友善、和谐、诚信等核心价值出发，促使民众在社会交往中学会换位思考，能够冷静客观地分析问题，以此提升社会信任感和安全感，消除社会中存在的戾气。培育积极向上的社会心态，则要从富强、民主、文明、法治等核心价值出发，引导民众从全局高度思考问题，以发展的眼光洞察问题，运用辩证的思维剖析问题，从而提升社会获得感和幸福感，防止陷入负面思维和惰性心态的泥沼。

三 加强网络意见领袖的意见引领

意见领袖在网络舆论的产生、扩散以及演变过程中扮演着举足轻重的角色，常常充当网络议题的设置者与发起者，同时也是意见倾向的引领者，拥有"一呼百应"的强大影响力。在群体当中，他们不一定具备正式领袖的身份，然而，由于其在某一领域具备专长性且保持持续关注，或者拥有突出的信息获取与解释能力，从而获得群体成员的广泛认可。在网络群体互动的起步阶段，意见领袖能够推动议题进入群体讨论议程；在网络群体互动的发展阶段，他们能够对信息进行整合、过滤和解读，并提供具有参考价值的意见，进而促使群体意见倾向趋于集中和一致。道德评价存在不确定性，使得意见领袖的权威作用更易得以发挥，他们对道德事件的解读以及对道德意义的概括，往往能够得到群体成员的认可并得以广泛传播。所以，加强对意见领袖的引领，在网络治理中能够发挥抓住"关键少数"的特殊效用。

（一）加强与网络意见领袖的沟通与对话

网络意见领袖在身份方面具有独特性，他们长期活跃于微博、论坛、朋友圈等各类网络空间，始终密切关注某一社会问题或者某一领域的问题，展现出强烈的社会责任感。他们具备信息敏感性、身份权威性以及道德示范性，能够赢得群体成员的尊重与敬仰。其与公众在身份上的相近性以及立场上的一致性，使得他们所提供的信息更具说服力和号召力。他们时常展现出维护道德秩序的内在自觉，高度关注社会道德生活，见解独到、语言犀利、分析透彻。在我国推进协商民主的进程中，意见领袖表达了一定社会群体的诉求与意见，而网络为他们的意见表达提供了相应的平台与渠道。

习近平总书记强调："对网上那些出于善意的批评，对互联网监督，不论是对党和政府工作提的还是对领导干部个人提的，不论是和风细雨的还是忠言逆耳的，我们不仅要欢迎，而且要认真研究和吸取。"[①] 意见的冲突并不等同于立场的分歧，即便意见领袖有时以批评者的身份出现，但他们中的大多数人是怀着推动社会文明进步的良好意愿参与网络活动的，在爱国、爱党、爱社会主义的思想认知上保持着高度一致。"一个成熟的社会，要能容纳他们，而不是将其视为洪水猛兽。"[②] 对于网络意见领袖参与社会监督与管理的愿望和热情，不仅要予以肯定，更要充分加以保护和合理利用，通过构建一定的现实渠道来满足他们参与社会监督的诉求。比如，建立常态化的沟通交流机制，邀请网络意见领袖作为社会力量的代表参与到官方行动之中，畅通他们建言献策与进行社会监督的渠道。他们既可以成为座谈会、论证会、发布会的主要参与者，也能够担任一些关系社会普遍利益的重大会议的旁听者，或者成为常设社会监督员队伍的重要力量。在一些重大舆情事件发生后，应在第一时间积极开展与他们的解释交流工作，详细说明事情的来龙去脉，阐释官方的立场，引导他们全面了解实际情况，从而理性地表达观点，促进民间舆论场与官方舆论场达成同向同行。对于一些官方不便介入和表态的道德议题，可借助意见领袖的影响力，有效发挥其对道德舆论的正确引导作用。

---

① 习近平：《在网络安全和信息化工作座谈会上的讲话》，人民出版社，2016，第 9 页。
② 廖清成、冯志峰：《推进基层协商民主制度化建设》，《学习时报》2014 年 12 月 15 日。

（二）强化对网络意见领袖的教育与引导

意见领袖在网络道德生活中发挥着积极作用，有力地推动了道德评价和道德监督功能的发挥。然而，也存在部分意见领袖滥用话语权的现象，这在一定程度上对网络生态产生了不良影响。部分意见领袖为了迎合网民、吸引粉丝以达到个人炒作的目的，刻意发表极端、尖刻、标新立异且情绪化的言论，甚至不惜采用低俗手段来吸引网民关注。还有部分意见领袖为了抢占信息发布的先机，发布不实、不完整的事件信息，凭借自身的舆论影响力挑起事端。更有一些意见领袖打着维护公平正义的幌子，充当各种形式网络暴力的动员者和组织者，进而造成对个人权益的侵害。甚至有极少数人充当西方的代言人，蓄意夸大社会负面信息，恶意挑起社会矛盾冲突。此外，意见领袖之间还时常陷入相互攻击、责难的境地，引发各自粉丝群体的对抗。

对于网络意见领袖，既要给予尊重、加强沟通，又要切实做好教育引导工作。教育引导的措施需要根据不同意见领袖各自的特点进行细化，杜绝简单化处理。可以借助一定的技术手段，并配合网络监管人员的主观判断，识别出不同类型的意见领袖。有些意见领袖具有长期的网络号召力，而有些则仅在具体议题中拥有话语权，针对这两种情况需采用不同标准加以识别。对于那些能够发挥积极作用、经常传播正能量的意见领袖，要给予更多的鼓励、吸纳和协商机会，尤其是在专业领域成为网红的专家型意见领袖，应将其纳入协商民主的队伍中，引导他们在社会建设中发挥更大的作用。对于质疑、监督型意见领袖，只要他们在价值原则和政治方向上正确，其意见是以推动社会更加文明进步为目的，仅仅是因为掌握信息不准、不全或者表达方式不当而引发了消极的网络舆论影响，就应当对他们的意见采取包容、理解的态度，积极予以回应、充分进行解释，邀请他们参与到事件的调查、决策等过程中，对他们的意见加以正确引导。而对于那些利用意见领袖的话语权蓄意传播谣言、刻意挑起群体对立、激化社会矛盾、侵害个人权益，甚至破坏社会团结稳定、攻击党的领导和社会主义制度的别有用心之人，则要保持高度警惕、进行重点监管，对其违法行为依法予以严厉惩处。

（三）主动建设一支"新网络意见领袖"队伍

当前，网络意见领袖大多在网络社会中自然生成。随着网络意见领袖在网络舆论中发挥的作用日益显著，为有效引导网络道德舆论，充分激发意见领袖的积极效能，主动培育一批政治素养过硬、社会影响力广泛的"新意见领袖"十分必要。

从人员构成来看，新意见领袖由三部分组成。其一，是具有官方身份的网络宣传队伍，涵盖网络技术人员、马克思主义理论工作者、新闻工作者，以及宣传干部、思想政治教育工作者、文化工作者等。他们具备思想和舆论引导的专业能力与丰富经验，应充分发挥这一优势。其二，吸纳一批具备积极影响力的民间网络意见领袖，例如相关领域的技术权威，或者具有较高社会威望的代表人物，借助他们广泛的网络影响力来推动网络舆论的正向发展。其三，吸纳和发展网络新生力量。需紧跟"微时代"步伐，开展"微传播"，开辟微博、短视频、直播、微信公众号等主流舆论传播新渠道，将一些新生代网民的偶像人物、代表人物纳入新意见领袖队伍，以此提升对青年一代的影响力和引导力。

新意见领袖对于网络道德舆论的引导主要体现在以下几个方面。首先，主动参与网络舆论。在论坛、网站评论区、微信公众号等平台主动发声，积极传播正确的伦理道德价值观念。在网络治理较为成熟的国家，政府通常设置了专门的部门和专职人员参与网络讨论。我国可借鉴这一做法，打造一支经验丰富的网络评论员队伍，其主要职责为参与网络讨论，在网络舆论传播过程中发挥引导作用。其次，发挥正向的社会动员作用。依据"沉默的螺旋"效应，网络舆论的过度集中会导致反对意见进一步沉默。网络上曾一度出现正能量被边缘化，成为"不敢发声的少数派"的状况。新"意见领袖"

凭借自身的网络影响力，能够增强正能量的话语力量，激活网络上被"沉默的螺旋"所压制的"沉默的大多数"，使其转变为"正能量的大多数"，增加网络上理性的声音。最后，发挥专业特长。对网络议题涉及的相关专业内容进行答疑解惑，澄清错误认识和虚假信息。在网络群体互动中，专家具有特殊身份。一方面，他们不同于政府人员的官方身份；另一方面，他们也有别于当事人或者当事人所属群体的局内人身份，具有相对独立的立场和身份，并且拥有相关领域的知识储备和信息优势。群众普遍存在相信和崇拜权威的心理。新网络意见领袖以专家、学者的身份参与网络评论，深入剖析问题，做出理性判断，能够为网络舆论注入"冷静剂"和"清醒剂"。专家学者可以进驻微博、论坛、聊天室，借助自身的专业优势、声望优势、信息优势对网络舆论进行引导，切实充当好信息的解读者、诠释者。当前，专家参与网络讨论的积极性不高，要加大政策支持力度，以培育"专家网络工作室"项目的方式，建设一支在网络舆论中敢作为、能作为、有作为的专家意见领袖队伍。

第四章

网络群体互动的法律治理

2014 年 2 月，习近平总书记在首次提出网络强国战略的同时，明确指出，"要抓紧制定立法规划，完善互联网信息内容管理、关键信息基础设施保护等法律法规，依法治理网络空间，维护公民合法权益"①，"要从国际国内大势出发，总体布局，统筹各方，创新发展，努力把我国建设成为网络强国"②。习近平总书记还在不同场合多次强调，"网络空间不是法外之地"③，要尊重法治权威，依法管理互联网，依法上网用网，用法律手段治理网络生态，"决不能让互联网成为传播有害信息、造谣生事的平台"④。党的十八大以来，经过不懈努力，互联网法治化已成为我国依法治国以及网络强国战略的基础性工程。

第一节 依法治网的意义和价值

网络空间作为现代社会重要的实践场域，其法治化程度是衡量整个国家法制发展水平的重要标志。在网络风险挑战日益复杂的国际背景下，各国均高度重视网络立法工作。我国也应充分认识到推

---

① 《习近平关于网络强国论述摘编》，中央文献出版社，2021，第 34 页。
② 《习近平谈治国理政》，外文出版社，2014，第 197 页。
③ 习近平：《在网络安全和信息化工作会议上的讲话》，人民出版社，2016，第 8 页。
④ 《习近平谈治国理政》第 3 卷，外文出版社，2020，第 306 页。

进网络空间法治建设的重大意义，通过依法治网来维护网络道德空间的风清气正。美国法学家博登海默指出："所谓秩序，是指在自然进程和社会进程中都存在的某种程度的一致性、连续性和确定性。"①无论是网络社会还是现实社会，"无规矩不成方圆"，人们的活动都需保持一定秩序，方能保障整个社会的顺利运转。而法律规范正是保障这种秩序的基本形式。

一　依法治网对网络活动具有引领作用

道德规范与法律规范同属社会规范范畴，但道德规范具有不明确性与不确定性，社会成员在理解和把握上易出现偏差，对道德规范的解释和应用也会因道德场景的变化而有所不同。相比之下，上升为法律规范的道德要求则具有确定性、严谨性与明示性。网络是一个倡导平等自由的社会，但网络自由是有边界的。网络立法就是对网络自由边界的设定。通过网络立法划定人们在网络活动中的行为边界，为网络行为确立刚性的道德底线，为网络活动中人与人的关系制定强制性规则，是网络社会健康发展的内在要求。互联网社会的飞速发展与互联网立法的滞后，会导致网络秩序出现不同程度上的混乱。加强网络立法，可防止网络谣言肆意传播，打击网络推手的推波助澜以及网络群体的暴力行为，增强网络诚信，加强个人权益保护，从根源上防范网络群体互动的风险。

依法治网能够引导文明理性的网络参与。互联网立法可通过设置法律义务，明确人们在网络上应做与不应做的行为；通过设置法律权利，为人们框定网络活动的选择范围，为人们指明合乎社会规范的网络行为方向，从而达到教育人们自觉尊法守法的目的。互联网立法还可通过其评价作用，发挥网络行为的他律功能。法律规范作为一种行为评价标准，可用于衡量、判断人们的行为是否符合社

① 〔美〕E.博登海默：《法理学：法律哲学与法律方法》，邓正来译，中国政法大学出版社，2004，第227页。

会规范。通过这种评价，引导人们的网络行为朝着文明理性的方向发展。同时，互联网立法能够发挥教育作用，通过执法行为，发挥示范和警戒功能，对人们今后的行为产生直接或间接的引导。这些作用的发挥，使人们明确哪些活动是社会规范所倡导的，哪些活动是社会规范所禁止的，进而引导网络群体活动朝着正确方向发展。

二　依法治网对网络活动具有保护作用

依法治网能够保障网络群体的基本权利，维护网络社会的有序运行。保护功能是法律的核心功能。法治基于社会成员共同的信仰信念和道德规范形成，同时也反过来维护社会规范的有序运行。互联网立法既维护网络的正常活动秩序，又保护网民的基本权益不受侵犯。首先，法律通过规定网民的权利义务，保障网民基于合法行为应获得的利益，对人们产生普遍的保护力和约束力。其次，法律具有预先防范功能，可预先估计人们相互之间行为可能产生的矛盾冲突，并以法律规范的形式加以避免。再次，法律能够针对网络社会已有的矛盾冲突，将道德评价上升为法律制度，并通过强制方式加以执行，以强有力的手段保障网络活动的公平正义，保护网民群体尤其是弱势群体的权益。另外，通过互联网立法，还可有效约束网络群体互动中的各种暴力行为，调整网民之间的虚拟关系，提高人们网络行为的文明程度。最后，通过网络执法活动，一些触犯法律的网络行为受到惩罚，这也能警示人们网络违法行为的法律后果。人们在采取类似行为时，就会评估行为成本与行为收益的关系，从根源上切断"虚拟行为无须担责"的错误认知。

第二节　走中国特色依法治网之路

面对网络风险的叠变性、复杂性与多样性，防范化解风险需借鉴国际成功治理经验，立足中国国情与网情，贯彻以人民为中心的发展理念，形成多元、多层级的正反馈循环。

一 依法治网的国际经验

加强立法是各国防范网络风险的基本举措。当前，一些发达国家既普遍重视互联网立法，其互联网立法也较为完备。这些国家基于自身国情制定了互联网相关法律法规，具有代表性的治网模式有以下几种。

美国的"政府与社会协同管理"模式。该模式的特点在于将网络组织、普通民众等社会力量纳入网络监管体系，网络治理的法治化和技术化水平较高。美国作为互联网的发源地，拥有全球最强大的互联网硬件系统以及世界互联网规则的制定权，其网络立法起步较早，已形成系统且成熟的互联网法律体系。早在 1977 年，美国就颁布了《联邦计算机系统保护法》。美国在国家安全、谣言传播、名誉侵害、隐私侵害、网络犯罪等多个领域均有法律规范，构建了较为完备的法律监管体系。对于互联网的许多具体领域，都有专门的法律法令加以规制①。

加拿大治理模式。加拿大的信息化发展水平处于世界领先地位，是最早建立完备的互联网法治化监管体系的国家之一。加拿大政府尤为重视网络运营的安全保障，构建了世界领先的电子政务体系与网络事件应急系统。在网络舆情监管方面，加拿大政府重点监管不良舆情信息，将此类信息区分为"攻击性信息"和"非法信息"两类，并重点针对非法信息进行法律监管②。

欧洲治理模式。欧洲各国同样高度重视依法治网。法国构建起了"自由与法治制衡"的治理模式。此模式既强调保护网络自由权利，又注重尊重法律秩序，并且专门制定法律，以保障政府对媒体

---

① 王静静：《美国网络立法的现状及特点》，《传媒》2006 年第 7 期。
② 杨诚：《加拿大的网络安全战略和法律问题》，《社会治理法治前沿年刊》2013 年第 1 辑。

的规制权力。德国是欧洲信息技术水平最高的国家，也是世界上第一个发布网络成文法的国家。1997 年出台的《多媒体法》提出，对于违反刑法的网络传播内容应进行阻截和删除。德国建立了"合作化管理"模式，主要以网络舆情法治化管理与社会力量通力合作为特色①。

亚洲治理模式。在亚洲，网络立法融入了东方文化的思维逻辑。与西方强调保障网络自由的思路不同，新加坡强调将国家安全和公共利益置于首位，主张政府对网络进行强制介入。在法律中，新加坡规定了对互联网服务提供者和内容提供者实行分类管理、申请许可制度，详细明确了互联网活动参与者应承担的法律义务，尤其是屏蔽、封堵特定内容、信息、网站和舆论的义务。并且，新加坡以广播法为基础颁布了《互联网行为准则》，明确禁止传播违背公共道德、破坏公共秩序、损害公众利益、冲击公共安全和国家稳定的网络信息②。韩国也极为重视互联网立法，对网络内容的管理较为严格，是世界上最早成立专门的互联网内容审查机构的国家，以法律形式保障相应机构对互联网内容进行审查和过滤的权力。2001 年，韩国先后颁布《不健康网站鉴定标准》《互联网内容过滤法令》，通过确定"不当网站"列表以及安装互联网内容过滤软件等方式对网络内容进行分级管理，对网吧等的信息进行审查，并设立了违法和有害信息的举报中心③。在日本，侵犯著作权和隐私权、损毁名誉、非法侵入、胁迫、煽动等网络行为被列入违法行为，网络服务供应商、内容供应商、网站、个人网页等均被纳入法律约束对象。并且规定，不但违法信息的发布者要承担法律责任，登载信息的管理员若未履行删除义务，也要连带承担民事法律责任。日本执法机关和情报机关对网络保持全天候监控状态，重点对暴力团体、右翼和邪

①　殷竹钧：《网络社会综合防控体系研究》，中国法制出版社，2017，第 99 页。
②　赵雯君、马宁：《新加坡网络安全法律法规与管理体制》，《中国信息安全》2016 年第 6 期。
③　杜宏伟：《韩国互联网内容管制》，《世界电信》2006 年第 3 期。

教组织、特定网络论坛、特定使馆和外国人的网络活动进行监控。一旦发现可疑信息，警方就会依法要求网络供应商和网络管理员提供相应信息，或者直接查封网页①。

二 依法治网的中国历程

与世界多数国家一样，构建网络法治社会同样是中国的努力目标。自 1994 年 4 月 20 日互联网引入中国，至今有 31 年。面对这一新生事物，中国法律从无到有，截至 2024 年 6 月，制定出台网络领域立法 150 多部②。中国的互联网立法经历了一个循序渐进的发展过程。1994~1997 年，是中国互联网的初始接触与了解阶段，在立法层面属于探索时期。彼时，网络纠纷数量较少，解决方式主要依赖于对《刑法》等既有法律的扩大解释来适用。如何将现实社会的法律规范应用于互联网领域，成为当时法律执行过程中的一大难题。1994 年 2 月 18 日，国务院颁布《中华人民共和国计算机信息系统安全保护条例》，这是我国第一部专门针对互联网的行政法规，开启了我国网络立法的进程。1998~2005 年，中国互联网进入快速发展阶段。1998 年 3 月，国家信息产业部正式成立（2008 年 3 月整合划入工业和信息化部）。2006~2012 年这六年间，随着网络的加速发展，我国互联网立法日益完善，初步构建起涵盖民事、刑事、行政责任的网络立法体系。

党的十八大之后，我国加快了网络立法的步伐。2014 年 2 月 27 日，中央网络安全和信息化领导小组成立，习近平总书记亲自担任组长，这标志着防范网络风险、维护网络空间安全秩序已上升到国家战略层面。2018 年 3 月，中央网络安全和信息化领导小组更名为中国共产党中央网络安全和信息化委员会，并列入中央

---

① 殷竹钧：《网络社会综合防控体系研究》，中国法制出版社，2017，第 99 页。
② 《我国制定出台网络领域立法 150 多部》，中国政府网，http://www.gov.cn/lianbo/bumen/202406/content_6957965.htm。

直属机构序列，进一步强化了其职能和统筹协调能力。该委员会在网络法治建设的顶层设计、统筹规划以及推动工作中发挥了关键作用。

2015 年以来，随着"微信十条""账号十条""约谈十条"等文件的发布，互联网空间的规范管理成效日益显著。2017 年 6 月，我国《网络安全法》正式施行。这是我国第一部专门针对网络安全问题、全面规范网络空间秩序的基础性法律，顺应了全球应对网络安全风险的大趋势，在我国网络安全立法进程中具有里程碑意义，是依法治网、防范和化解网络空间风险的重要保障。《网络安全法》不仅吸收了国内外网络治理的基本经验和成功做法，还解决了管网治网过程中凸显的一些关键问题，为未来网络空间的发展创新筑牢了坚实的法律根基。

三　走中国特色依法治网之路

当前，我国依法治网仍存在诸多亟待解决的问题。其一，网络法治的整体性水平有待提升，法治防线存在缺口亟待填补。在法律规范理念方面，尚未形成与网络空间活动特点高度契合、兼具原则性与发展性的新型法理原则。目前网络立法仍沿用或套用现实社会的法律逻辑，致使部分法律条文在网络环境中执行困难甚至无法执行。例如，在执法管辖权上，网络违法行为常具有跨地域特性，导致对某些行为的管辖权界定模糊，易出现权力真空或相互推诿的状况。又如，现实社会中执法取证的规定和要求，在网络环境中难以施行，使得一些网络违法行为面临取证难、认定难、定罪难的困境。在法律规范的协调性上，网络立法尚未系统化，缺乏总体性规划，各法律规范之间存在衔接不畅、协调性与配合性欠佳等问题。

其二，网络法治的质量有待提高。网络社会是人类实践生活的新领域，网络社会立法需在实践中逐步探索和完善。当前我国网络立法数量虽多，但大多遵循先发现问题、后解决问题的思路，立法工作对网络风险的预见性不足。立法部门较为分散，立法位阶较低，法律效力相对较弱，部分立法还与部门规章制度存在冲突。此外，网络中个人权利义务界定不够清晰，执法不够严格，导致网络侵权行为成本低、影响大、追责困难。

其三，网络法治滞后于实践的问题较为突出。网络具有强大的创新活力，新技术、新业态不断涌现。若网络立法不能对网络发展保持高度敏感性和适应性，密切关注网络发展新形势，针对新技术、新问题、新现象、新风险及时增添新条款、新法规，就会出现旧法无法适用于新事物的情况，使网络新事物、新业态处于法律空白地带。当前立法预见性不强，且在现行立法程序下，从提出立法建议到形成法律条文再到进入法律实践，周期较长，在此期间发生的违法行为难以追责，导致法律滞后于社会发展的现象长期存在。另外，网络法治不够细化和具体，可操作性不足。目前对于网络违法行为的界定仍处于框定基本原则阶段，对这些基本原则的具体落实和解释亟须加强。例如，网络违法行为的认定、取证、定罪等具体执行过程缺乏详细法律界定，信息安全尤其是个人隐私权、网络侵权行为的认定和量刑等方面，也缺少具体法律规范，网络犯罪的犯罪后果认定、网络虚拟财产的认定、电子证据的认定、网络犯罪管辖权的划分等，均无法可依。

中国的历史传统、制度特色与发展国情等因素，决定了中国的互联网立法与其他国家相比，既存在相同点，也必然彰显出中国特色。就相同点而言，无论哪个国家开展网络立法，其出发点均为维护网络社会秩序、保障网络空间安全。与大多数国家类似，中国的互联网立法由立法部门主导，行政部门负责制定，执法部门承担执行工作。在中国，立法部门指全国人民代表大会及其常务委员会，法规制定主要由国务院及其部委实施，而执行工作则由公安机关、人民检察院与人民法院负责。

中国特色依法治网之路，充分展现了社会主义法治的优势。其一，中国特色依法治网以中国共产党的领导为根本政治保障。中国特色社会主义法治的形成，是凝聚人民共识、体现人民整体利益与长远利益的过程，而这一过程是在中国共产党的组织、领导与推动下得以实现的。一方面，中国共产党的领导，不仅确保了人民共同意志的凝聚与表达，还保障了立法的有序推进以及司法的有效开展。另一方面，中国特色社会主义法治为中国共产党的领导提供了规范性支撑。为进一步提升党的执政能力，需持续加强依法治党、依法执政。其二，中国特色依法治网将维护最广大人民群众的合法利益作为立足点。法律作为上层建筑的关键组成部分，反映了生产关系的基本特征以及统治阶级的根本利益。在资本主义国家，法律沦为维护资产阶级统治的暴力工具。这些国家把网络立法当作操纵社会舆论和价值观念的手段，借此实现对民众的控制。然而，社会主义公有制的经济基础决定了中国网络法治坚持人民主体地位，其目标在于维护最广大人民群众的合法利益不受侵害。其三，中国特色依法治网秉持统筹协调、整体推进的原则。网络活动涉及众多主体、要素，且地域广泛。如何统筹网络主体、客体、平台、活动这四大要素，构建协调联动的依法治网格局，是一个全球性难题。仅从任何单一要素着手，不仅难以取得良好效果，甚至可能引发新的风险。例如，韩国曾从主体的"网络实名制"出发治理网络，最终却以失败告终。在西方的制度框架下，这一问题很难找到解决方案。而中国特色社会主义制度具备凝聚社会共识、汇聚社会力量的优势，在党的集中统一领导下，能够实现各部门、各地区、各类社会力量以及网络各要素的有效联合。中国的《网络安全法》堪称世界上首部统筹主体、客体、平台、活动四个网络要素的网络立法，精准抓住了现代网络治理的关键。

第三节　积极推动以德入法

道德与法律均属于人类社会生活中，基于一定经济基础而构建的上层建筑。从功能层面而言，二者皆是以调节社会关系、约束人们行为为目的所建立的社会机制。尽管在调整手段、作用范畴和表现形式上存在差异，但它们之间存在紧密的联系。道德与法律拥有共同的源头，即人们对社会行为的禁忌；也有着共同的目的，即维护社会公平正义与良好秩序。法律堪称最低限度的道德，特定社会的道德规范同样是法律规范的重要来源。法律吸纳了道德规范中具有重大战略意义的禁止性内容，凭借法律的强制执行力，弥补了道德规范约束的柔性不足；以明确且严谨的法律条文，克服了道德规范的模糊性。网络立法需积极应对网络新问题，汲取网络中的积极因素，推动以德入法。网络环境对传统道德造成了强烈冲击，使道德的外在约束力有所弱化。把一些对维护社会公序良俗的具有重大意义的道德问题，作为法律规范予以约束，既能加大对相应道德行为的约束力度，提高约束的可操作性，又能增加相关失德行为的成本，是维护网络秩序的关键手段。法律涉及道德的基本规范和底线要求，在社会急剧变革的进程中，这些规范和要求也会衍生新内容、呈现新形态。这些变化应当在法律规范中及时得以体现。网络立法应当关注民意，广泛吸纳网民的意见和建议，将一些社会影响恶劣、善恶判断意义重大的新问题纳入立法范畴。

一　明确道德规范与法律规范的界限

以德入法并非简单地将道德规范直接上升为法律规范，否则就会模糊道德与法律的界限，这不仅不利于道德生活的健康发展，还会削弱法律的权威性，抑制社会的活力。

　　首先，关乎社会发展与稳定的社会道德、客观道德适宜纳入法律范畴，而涉及个人生活的个人道德，以及难以准确界定的主观道德则不宜入法。也就是说，适宜入法的是那些对社会稳定、有序发展具有重要意义的道德，并且这些道德具备社会公认的、较为明确的评价标准，在社会道德体系中处于宏观层面与基础层面。它们通常涉及社会公共生活领域，而非个人生活范畴。如何清晰界定公共生活与个人生活的界限，是以德入法过程中亟待解决的难点问题。其次，关乎基本底线的道德规范适宜入法，而关乎理想的美德标准不宜入法。法律的刚性约束特性决定了它只能保障道德规范中"必须"践行以及"禁止"施行的要求，而非"应该"做到、"最好"达成的要求。例如，人们必须尊重他人的生命权、名誉权、隐私权，否则就需接受法律的惩处。然而，人们"应该"尊老爱幼、"最好"乐善好施，这类内容就不适宜作为法律条款进行约定，否则就会不合理地扩大公民的道德义务，进而助长社会道德评价的泛化与苛刻化趋势。最后，关乎人们行为层面的道德规范适宜入法，而思想层面的道德规范不宜入法①。即适宜入法的道德规范主要是针对道德行为，而非人们的道德认知、道德情感、道德态度等内容。一方面，只有道德行为是外显的，是人们易于进行客观评价的部分，符合立法原则与立法精神。而道德认知、道德情感、道德态度等道德意识范畴的成分，内隐于心，很难进行客观评价，法律难以对其加以约束。另一方面，道德认知、道德情感、道德态度等道德意识只有转化为道德行为，才会产生真正的社会影响。而法律所约束的是人们产生了切实社会影响的行为，并非内在于心的意识。道德意识的提升主要依靠人们内心的道德自律，以及对道德规范的内化与觉悟，而非依赖法律约束。

---

① 程秀波：《道德法律化的根据与界限》，《河南师范大学学报》（哲学社会科学版）2005 年第 4 期。

二 明确网络主体责权利关系

以法律形式明确网络主体的责、权、利关系，是网络立法需解决的关键问题之一，也是借助法律形式维护社会道德关系良性互动的重要途径。国外网络立法极为重视对网络活动主体的责任界定与权利保护，我国理应加强这方面的立法建设。

就公民个人而言，网络空间立法应明确人们开展网络活动的权利与义务，提升人们尊法、守法的自觉性。网络立法需将规范性与保障性有机结合，既保障人民群众网络活动的权利、诉求、权益以及空间，又确保网络活动具备规范性、有序性与合理性。若片面强调规范性，容易造成僵化局面，侵犯网民的网络活动权益，削弱网络的活力与创造力；而片面强调保障性，则难以界定"网络自由""个人权利""他人权益"之间的边界，容易引发网络失序。

对于执法者来说，网络立法要更为清晰地界定各个执法主体的权力边界与责任范围，高度关注一些网络活动的边界地带和新兴领域，防止因权限不清在执法过程中出现漏洞。执法权限问题是网络法律治理的难点之一，网络活动具有跨地域、跨领域的特性，而执法部门具有地域性、组织性。针对一些地域特点不显著、跨多个领域的网络法治问题，需要执法部门拥有跨域权限。

对互联网媒体而言，网络立法要制定更为严格的网络媒体准入规则。立法应细化到网络媒体运行全过程的权利和义务，为网络媒体运行划定明确的法律红线，让那些罔顾媒体责任、无底线追求"眼球经济"的互联网媒体承担与其社会影响相匹配的法律责任。互联网媒体是文化产业化的重要组成部分，既要保障其创新活力，又要督促其坚守底线。在激烈的市场竞争中，不能任由内容质量低劣的网络媒体"劣币驱逐良币"，要加大执法力度，提高其违法成本，形成良好的文化市场导向。

三 加强对弱势群体保护

网络立法应着力加大对弱势群体网络权益的保护力度，推动各方网络权益的均衡发展，进而促进社会公平正义的实现。网络弱势群体，既应涵盖现实生活中在经济地位和社会角色方面处于弱势的群体，也应包括在网络技术应用上的弱势群体，以及在网络话语权方面处于弱势的群体。弱势群体往往是网络暴力的受害者。他们常常并非现实社会意义上的弱势群体，而是网络技术应用的落后者、网络话语场中的"少数人"，饱受网络暴力和网络欺凌的困扰。特别是个人信息泄露问题，已成为网络法治领域的突出问题。一些在网络治理方面较为发达的国家，均将个人信息保护作为网络法治的重要内容。

当前，我国需着力加强个人隐私权保护、个人人格权和名誉权保护、知识产权保护等方面的立法与执法工作，提高网络暴力行为的法律成本。《中华人民共和国个人信息保护法》已于 2021 年 11 月 1 日起正式施行。该法律明确规定不得过度收集个人信息、禁止大数据杀熟，对人脸信息等敏感个人信息的处理作出严格规制，完善了个人信息保护投诉、举报等工作机制，充分回应了社会关切，为破解个人信息保护中的热点难点问题提供了强有力的法律保障。

第五章

网络群体互动的道德治理

历史和现实反复表明，一个社会是否文明进步、安定和谐，很大程度上取决于公民的思想道德素质。道德规范作为一种软约束，主要通过倡导、批判、自律等方式发挥作用，道德治理的方式也呈现出一定的特殊性：一方面，道德治理与其他社会治理相互交织、密切相关，但凡存在突出道德问题的领域，都需要进行道德治理；另一方面，道德治理主要是道德规范的推广、维护过程，不适宜过多运用行政手段或者介入法律手段，因此体现出"软治理"的特点，主要通过引导、示范、宣传、舆论等途径，告知人们什么是"应当"、什么是"不应当"。

第一节 强化网络道德规范建设

网络道德规范是一种特殊的道德规范，既体现了社会主义道德规范的基本要求和基本指向，又反映了网络环境下对道德活动和道德关系的特殊要求。严耕等学者提出，网络道德的基本原则是全民原则、兼容原则、互惠原则和自由原则[1]。网络道德规范可归纳为两类原则。一类是整体性原则，这类原则强调网络道德规范的公共性，彰显了网络道德规范调节网络公共秩序和维护网络社会整体利益的

---

[1] 严耕、陆俊、孙伟平：《网络伦理》，北京出版社，1998，第188~203页。

价值指向，包含两方面含义：一方面指网络上所有人的所有行为都不得损害网络社会的总体利益；另一方面指网络服务于所有人，不能因网络主体存在的某些差别而有所差异。另一类是个体性原则，强调网络道德规范的保障性，彰显了网络道德规范对人的主体性的重视和尊重。这一原则要求网络上的每一个人都应当获得重视和尊重，是对整体性原则的重要补充。在网络传播过程中，这两类原则可以具体化为网络内容把关、网络信息传播、网络技术应用等一系列原则。

一　强化网络内容把关的道德规范

网络传播者涵盖网络媒体与普通网民。网络媒体在网络空间中具备多重身份，既是网络内容的提供者，也是网络内容的发布者和传播者。与现实世界存在差异，网民作为网络媒体的受众，同样参与到网络内容的生产、发布和传播过程中，只不过网民的内容生产仍需借助特定的网络媒体来得以实现。所以，网络媒体的内容生产，不再单纯依赖媒体工作人员，而是把网民也纳入内容生产者的范畴。网络媒体不仅需要对自身的内容生产展开伦理审视，还肩负着网络把关人的职责，要对网民的内容生产、发布和传播进行道德监督。在网络环境下，把关人的信息特权遭遇前所未有的挑战，但这并不表明网络社会中把关人的存在毫无意义。网络受众在面对海量信息时，极易陷入信息迷航状态，由于自身信息素养的欠缺，网民往往难以对信息进行甄别和筛选。网络媒体把关人能够发挥其专业优势，对信息进行整理和筛选，以便受众更高效地获取信息。倘若把关人缺失，将会导致网络信息混杂，垃圾信息、虚假信息、不良信息肆意泛滥，网络传播生态也会因此受到污染。

（一）网络内容把关要坚持社会效益优先的原则

网络媒体作为网络内容的关键提供者，这一角色是对传统媒体角色的继承与拓展。在网络传播环境下，传播模式从发布者主导转变为受众主导，网络内容的接收者拥有了更大的内容选择权。内容生产的商业化，让网络媒体承受着抢夺用户注意力的巨大压力。在内容生产的商业化运作与网络媒体激烈竞争的双重作用下，部分网络媒体片面追逐商业利益，忽视了伦理责任。网络媒体必须妥善处理好社会责任与经济利益的关系，精准找到政治标准、道德标准和市场标准的契合点。切不可一味地迎合受众、只求获取短期关注，而应在履行社会责任和传播伦理的过程中，赢得长久的公信力，高度重视内容的长期社会影响和积极社会价值。公信力是媒体传播力的重要源泉，唯有那些切实承担起社会责任的媒体，才能获得长久的公信力，拥有持续发展的生命力。在网络传播环境中，把关人难以凭借身份认定获取网络认同，把关人形象的树立更多地考验个人魅力和传播影响力。把关人不仅肩负着对信息内容进行筛选把关的责任，还应扮演起引路人的角色。把关人不能依赖传统社会中对信息的控制权，而要凭借过硬的职业素养和高超的沟通技巧树立权威形象，确立在网络传播中意见领袖的影响力，吸引网络受众对经过自己筛选的信息产生认同和信任。

（二）网络内容把关要坚持客观公正的原则

客观真实是传播的基本伦理要求，是新闻传播的生命与灵魂，也是媒体赢得公众信任的根本保证。无论是传统媒体，还是网络新媒体，都必须恪守这一基本原则。发布客观真实的内容，要求媒体从业者具备高度的道德责任感，对信息内容进行仔细考证。网络媒体具有时效性高、信息制造周期短的优势，但不能片面追求最快最新，而不投入时间和精力对信息进行全面调研求证。一方面，要对信息源的可靠性加以求证。网络时代，信息来源呈现多元化特征，既可能来自新闻从业人员的观察，也可能源于各种新闻线索、新闻爆料等。对于非权威的信息来源，新闻从业人员要加强调研核实，坚决不发表未经求证的"小道消息"，不对未经证实的消息发表带有倾向性的评论。另一方面，要对信息本身的客观性进行求证，对信息所涉内容的真实性进行核实，不做武断推论和无端猜测，避免沦为虚假信息、片面信息、谣言揣测传播的"帮凶"。

新闻传播的公正性与客观性紧密相连。网络媒体作为信息的传送载体，应秉持理性、中立的立场，用事实说话，避免预设立场、刻板印象等影响公正性的因素干扰内容生产。内容把关应当站在社会公德和正义的立场上，防止媒体偏见的产生。保持客观、公正是每一位媒体从业人员的基本道德要求。然而，在面临重大的情感冲突和利益冲突时，媒体工作者也容易产生情感波动，出现非理性表现，将自身的情感倾向、价值判断混入新闻信息中。由于媒体工作者的权威身份，这些一开始掺杂进传播内容中的情感倾向很容易在传播过程中被不断放大，成为推动群体情绪感染的重要因素。这就对网络媒体从业人员提出了更高的素养要求，不仅要具备把控信息的能力，确保信息真实、完整，还要具备把控情感的能力，始终保持情感上的冷静、理智，使网络内容把关坚守客观公正的传播伦理原则。

（三）网络内容把关要坚持正确舆论导向的原则

导向问题是新闻舆论工作的生命线。网络媒体把关人需具备较高的政治素养，拥有较强的政治敏锐性与政治洞察力，强化网络传播的阵地意识、政治意识以及责任意识，紧密围绕党和政府的中心工作开展传播活动。一是在思想引领层面，在当下，要始终将习近平新时代中国特色社会主义思想作为指导思想，坚定不移地秉持马克思主义新闻观。在大是大非问题面前，站稳政治立场，积极引导社会情绪与社会心理朝着积极健康的方向发展。二是在传播方法层面，要能够精准且生动地传达党的主张和人民的心声，切实成为党和政府与人民群众沟通联系的桥梁与纽带。三是在价值导向层面，要把社会主义核心价值观作为信息取舍的重要标准，做到正本清源、抑恶扬善，积极弘扬主旋律、引领新风尚、传播正能量，以正确的价值导向涵养社会心态。

在网络传播环境下，网络内容把关需秉持全过程、全方位的原

则，从把关流程、把关层次、把关人身份及责任等多维度进行优化
与完善。

从把关流程来看，传统媒体把关人的作用主要体现在信息审核
环节，即传播前的出口把关。然而在网络环境中，信息传播方式已
从单一出口传播转变为网状辐射性传播。相应地，内容把关也不再
局限于传统的出口把关模式，而需贯穿于传播的全过程。在信息传
播前，网络媒体应进行必要的内容审核，尽最大可能防止不良信息
进入传播渠道。但鉴于网络信息发布量庞大，对所有信息进行精细
的事先审核存在现实困难。因此，把关人需密切关注网络媒体已发
布的信息，重点聚焦舆情热度上升较快的内容，及时对积极、优秀
的言论采取"加精""固顶"等推荐措施，同时迅速清除带有不良
苗头、可能产生潜在不良影响的信息。

在把关层次方面，内容把关应兼具普遍性把关与具体性把关。
普遍性把关是从政治标准、社会标准、道德标准等宏观层面把控信
息，确保信息导向正确；而具体性把关则是针对信息的具体表达方
式、关注角度、信息取舍等进行细致审查，使信息更加客观公正，
且契合网络媒体自身的定位与需求。

谈及把关人身份，网络媒体把关人既可以由专职的媒体工作人
员担任，也可以由兼职的版主、群主等担任。版主、群主作为特殊
的把关人，他们具有普通网民身份，并非专职专业的新闻媒体人员，
却承担着不同于普通网民的信息把关职责。从把关过程来看，他们
处于网络媒体把关人与网民之间，是直接对某一局部网络传播环境
进行把关的关键角色，堪称仅次于网络编辑的第二道防线，理应充
分发挥其应有的把关作用。

从把关人责任角度出发，网络媒体的把关人不再处于信息的核
心位置，仅仅是传播链条中的一个环节。把关人的身份已从信息的
权威控制者转变为网络传播的服务者。把关人不应仅仅充当简单的
信息截留者和删除者，而应成为受众甄别和筛选信息的协助者。要

树立为网络受众服务的理念，通过多样化的内容把关方式，助力受众获取真实、清晰、可信的内容，进而提升媒体质量和受众信任度。把关人需摒弃高高在上的信息权威姿态，以网络传播参与者的身份与网民平等交流，尊重网民的个性化、多元化需求，以及不同群体的差异化诉求。

二　强化网络信息传播的道德规范

在当下，网络传播环境历经巨大变革，传播者与受众之间不再是二元对立的主客体关系，已然转化为互为主体的关系。在全媒体发展进程中，传统媒体需转变角色定位，充分重视网络传播在过程、理念、内容、渠道和对象等方面的特殊性。

（一）网络传播要避免陷入误区

一是"受众窄化"误区。网络社会涵盖形形色色的群体，信息传播绝不能局限于某一特定群体，而忽视其他群体的受众属性，否则极易引发"受众窄化"现象。受众窄化与信息窄化紧密相连，网络协同过滤引发的信息"定向投喂"，从受众角度而言，导致其接收信息域"窄化"；从传播者角度来看，则造成了传播受众的"窄化"。受众窄化易使信息呈现出显著的群体倾向性，不仅影响其他受众对信息的接纳，还会降低信息源的公众认可度，使得信息传播缺失整体性和全局性视角。二是"自言自语"误区。此误区指的是传播主体在信息传播时，全然不顾受众的接受程度，自说自话，最终导致信息传播效果欠佳。在网络传播环境下，网民的表达意愿和传播意识不断增强，传播主体应充分调动网民参与传播的积极性，从受众视角进行信息编码，而非运用宏大、笼统、宽泛的语言展开传播。三是"舆论控制"误区。在现实社会中，传统媒体曾是社会信息的主要传播渠道。然而，网络传播引发了媒体的深刻变革，如今受众可通过多种渠道获取信息，任何一个传播主体都难以实现对网络舆论场的绝对控制，这是网络空间公共性的必然要求。所以，传播主体在网络传播中切不可摆出"居高临下"的舆论控制姿态，而应以宽容、引导的方式，秉持交流、对话的态度应对各类舆情，认真倾听群众的意见和建议。尤其是传统媒体，更要摒弃传统模式下的"传播垄断"思维，与网络上的其他信息渠道保持沟通、回应、印证、纠偏等信息互证和信息互补。

（二）网络传播要服务受众

网络受众是从自身的需要出发来选择媒介的，媒介议程设置必须能够与公众的需要对接，才能取得良好的传播效果。在信息爆炸导致公众注意力相对有限的网络环境下，受众有着很大的媒体选择权。网络媒体要找准自身的定位人群，根据受众的受教育水平、生活环境和利益诉求有针对性地设置议题，做到"个性化传播"，营造传播的多层次、立体化格局。网络媒体在议题设置上要站稳人民立场。

网络传播在明确传播者角色设定时，需兼顾"他者"视角，将网民及其他受众视为平等主体。贴近受众并非一味迎合受众，盲目迎合受众心理、品位和情绪，反而会让网络媒体成为群体互动中意见和行为偏移的助推因素。网络媒体在议程设置中要坚守人民立场，站稳政治立场和道德立场，以人民的整体利益和长远利益为出发点，而非迎合短期利益和少数人利益。这就要求兼顾各群体的利益诉求，引导群体间的沟通与交流，促进群体间话语力量的平衡，避免强化群体间的对立与隔阂。网络媒体在议题设置上还应体现人文关怀，平等尊重每一个人。道德评价与法律评价不同，它蕴含着深切的人文关怀价值指向，彰显着社会良知和人间温情。公众对传统媒体往往存在严肃有余而温情不足的刻板印象，若网络媒体无法打破这一印象，就容易在激烈的网络传播竞争中失去吸引力和影响力。在传播过程中，网络媒体要着重凸显事件所折射出的社会大爱和道德关怀，努力消除不良群体记忆，打破网民的意见偏见和思维定式，助力公众的心理创伤恢复和心理重建。对于事件受害者，要给予支持与抚慰，缓解社会负面情绪。对于公众的非理性情绪和态度，要表达充分的理解与宽容。即便面对应当受到舆论指责的失德者，网络媒体也应保护其名誉权、人格权、隐私权等合法权利，坚决不充当道德绑架、人肉搜索、舆论审判等网络暴力的帮凶。对于有意愿修复公众形象、积极进行补偿的人，要提供合适的媒介和平台予以帮助。

（三）网络传播要推动主体间良性互动

多主体传播是网络传播的鲜明特征。在多主体传播情境下，信息不对称是导致群体不良情绪持续高涨的重要因素。于网络群体互动中，无论是网民群体、网络媒体，还是政府主体，任何一方都难以独自主导事件的发展走向。而各主体间信息不畅、各自为政，会造成多重失灵的局面，进而加深主体之间的隔阂。网络媒体需顺应网络社会去中心化的传播格局，尊重各方主体的表达权利，肩负起促进多主体良性沟通的伦理责任。一方面，网络媒体要主动搭建多种形式的公共参与平台，邀请多方代表参与意见表达与信息发布，悉心倾听各方的呼声和诉求，扮演好沟通者和观察者的角色，平衡各方的意见数量，营造一个多主体共同参与的意见氛围，防止出现单一的意见气候。如此一来，受众不再仅仅是被动的信息接收者，更是主动的信息建构者，在网络媒体的引导下构建自身的意见倾向。另一方面，网络媒体应提供多元化的链接，防止信息窄化现象的出现。多元化信息涵盖意见主体的多元化，即展现不同群体的意见，避免群体间的话语权失衡；情感指向的多元化，即呈现不同情感指向的意见，防止单一情绪过度聚集、持续发酵；意见指向的多元化，即展示不同倾向的意见，避免"沉默的螺旋"现象发生，力求展现议题的不同侧面以及对议题的不同思考角度。这样，不但能促进不同意见的碰撞与交流，增进受众对不同意见的接纳和理解，还能促使公众获取更为客观全面的信息，避免因信息指向单一而产生意见偏移。

（四）网络传播要构建中心议题

多主体沟通并不意味着网络媒体仅仅充当一个意见表达的场域，而丧失自身的原则立场。意见引领始终是议程设置的根本目的，议程设置的本质在于通过有选择性地呈现信息，以实现传达某种价值的目标。部分新媒体一味追求新鲜度却忽视内容深度，这不仅不利于引导公众形成理性情绪，反而容易促使网络互动中的意见和行动发生偏移。公众往往更期望借助媒体人员的专业性，获取更为深刻的信息。网络媒体需通过设置中心议题来引导舆论走向，将公众的注意力引向积极、客观的方向。具体而言有以下几点。一是在群体意见出现偏移趋势时，网络媒体应尽早介入，充分发挥自身专业性优势，提供更全面的信息以及更客观的评价，凭借自身的传播影响力来中和网络意见的过度偏移。例如，在某些社会热点事件刚引发讨论、群体意见开始出现片面倾向时，网络媒体及时发布权威数据、多角度分析报道，避免公众被片面观点误导。二是在群体意见已经出现较为明显的偏移时，网络媒体要找准恰当的切入点，控制单方面意见的数量，加大对事件重点方面的报道力度，并给予适当的解读和评论。在议程设置上，应分散相关议题的讨论方向，增加专家、学者、当事人等多方面的全面阐述与理性分析，采用冷静、客观的文风进行展示，以此形成对"社会流瀑"的阻力和缓冲。比如在一些争议性政策讨论中，网络媒体邀请各方代表发表观点，从不同角度剖析政策利弊，避免公众被单一声音左右①。三是在网络群体意见偏移出现情绪高涨时，网络媒体要对热点事件进行适当冷处理，充当过热网络舆论的"冷却剂"。这里的冷处理并非要求网络媒体在热点事件中保持沉默，恰恰相反，网络媒体的积极介入十分必要。通过设置中心议题，网络媒体既能实现积极的社会动员，也能通过调整报道重点，引导网民聚焦正确的关注点，防止因对事件的关注点

---

① 侯东阳：《舆论传播学教程》，暨南大学出版社，2009，第211页。

过度分散、信息量过于庞杂而衍生出"蝴蝶效应"和"长尾效应"。如在一些明星绯闻引发网络舆论狂欢时，网络媒体不盲目跟风炒作，而是引导公众关注。

（五）网络传播要坚持惩恶扬善

在 2018 年全国宣传思想工作会议上，习近平总书记强调，要"做强网上正面宣传，建设良好网络生态"①。对失德行为进行抨击，是网络媒体发挥舆论监督作用的重要方式，彰显了网络媒体"惩恶"的功能。然而在这一过程中，网络媒体需展现出对相应问题剖析的深刻性与辩证性，采用理性、客观的文风，切不可成为网络群体非理性情绪的助推者。在批评失德行为时，还应着重突出事件中的积极因素与积极方面，宣传政府及相关主体积极应对所取得的良好成效，强化积极的群体记忆，避免加剧社会道德焦虑。

网络媒体还应当积极从网络道德生活中发掘道德榜样。道德榜样是在道德层面值得学习与效仿的典范，集中体现了社会道德规范所倡导的美德，是社会主义先进道德文化的传承者与发扬者。树立道德榜样，能够营造向上向善的舆论氛围。在价值多元、追求各异的网络世界里，对高尚道德生活的共同追求可成为凝聚人心的最大公约数。以道德榜样为参照，人们能够找到自身与他人、自身与社会的连接点，化解风险社会下的诸多道德难题，防范群体圈层化互动可能引发的社会分裂。网络媒体要大力弘扬道德榜样身上所体现的高尚道德情操，发挥榜样的感召力与吸引力，切实发挥积极"扬善"的作用。

三 强化网络技术应用的道德规范

网络技术作为当今世界最具影响力的科学技术之一，在为人类社会带来巨大福祉的同时，也引发了前所未有的风险。加拿大著名

---

① 《习近平关于网络强国论述摘编》，中央文献出版社，2021，第 79 页。

哲学家邦格指出："技术在伦理上绝不是中性的（像纯科学那样），它涉及伦理学，并且游移在善恶之间。"① 德国存在主义哲学家雅斯贝尔斯也强调："技术仅仅是一种手段，它本身并无善恶。一切取决于人从中造出什么，它为什么目的服务于人，人将其置于什么条件之下。"② 网络媒体兼具内容提供者与技术服务提供者的双重身份。这种特殊属性赋予了网络媒体额外的伦理责任，即网络技术应用方面的伦理责任。这一责任要求网络媒体在技术应用过程中，务必以增进整个社会的福祉为导向，服务于创造人类更美好生活的目标，同时切实保障不损害任何个人和群体的权利。

（一）坚持平等、兼容、尊重、互惠的原则

1. 平等原则是网络交往的基石性原则

平等作为社会主义核心价值观的基本内容之一，在网络道德规范中的具体体现，便是要求每一位网络用户都平等地享有权利、平等地承担责任与义务。互联网采用开放式的组织架构，网络终端不存在中心与从属的区分，均作为平等的节点存在于网络体系之中，借助这些终端实现网络连接的网民，其地位也完全平等。在网络世界里，既无领导者，也无统治者，所有人都能平等地享有信息权利，自由进出网络空间。网络不归属于任何人，却又属于每一个参与网络活动的个体。在这里，谁都不具备绝对的发言权，但与此同时，谁都拥有发言权，从而消弭了现实社会中人与人之间存在的不平等状况。

2. 兼容原则是平等原则的自然衍生

网络的兼容问题最初源于网络技术自身的需求，然而这种兼容并非仅局限于技术层面的畅通、连贯与包容，更涵盖道德价值和道德标准层面的兼容并包、和谐共生，是网络平等性、开放性、包容

---

① 〔加拿大〕邦格：《技术的哲学输入和哲学输出》，《自然科学哲学问题》1984 年第 1 期。

② Jaspers，*Origin and Goal of History*（New Haven：Con. Yale University Press，1953），p.115.

性的重要要求与显著体现。这一原则要求网络主体的活动遵循所有网络主体共同认可的规范，摒弃某些无法与共同规范相兼容的行为模式。网络道德生活不应存在"沙文主义"式的道德霸权，网络道德标准应当是全体网民一致认可的标准，而非任何个人或少数人的道德准则。

3. 尊重原则是个体原则中的首要原则

尊重原则包含网络活动中对人自身的尊重，以及网络主体之间的相互尊重。网络道德规范不会因其公共性和整体性而忽视个体特性。网络活动对人自身的尊重，意味着始终将网络视作人的工具，无论网络技术如何发展演进，都必须以满足人的需求、服务于人的发展为宗旨，在网络活动中，人的主体性与现实性不能被"虚化"，不应将人"数字化""抽象化"，更不应把人当作可被随意操纵、"计算"的符号①。这就要求个体在行使自身网络权利时，不得侵犯他人的权利，在主张自己的主体性时，要尊重他人的主体性，切不可把其他网络主体当作实现自己目的的手段。只有网络主体之间相互尊重，才能真正践行网络的平等原则，维护网络社会和谐、友好的交往环境。无害原则是尊重的底线，充分彰显了网络活动中对所有人的尊重。这一原则要求人们应以善意的态度使用网络，在网络活动中，不得伤害他人、破坏网络生态、危及网络安全。具体涵盖不损害公共及他人的网络自由和利益，不侵犯他人的知识产权，未经允许不侵入他人的网络资源，不充当黑客等行为；除非出于安全需求，不设置阻碍网络信息交流的障碍，不传播不良或不实信息，在充分享受网络自由使用权的同时，要确保网络的兼容、互惠、相互尊重和无害，个人的自由应以不侵犯他人的自由为前提，绝不能将个人自由凌驾于网络社会的有序健康发展之上。

---

① 赵兴宏：《网络伦理学概要》，东北大学出版社，2008，第6页。

4. 互惠原则是网络维持生机与活力的基本保障

互惠原则是网络得以维持生机与活力的根本保障。网络社会由全体网络主体共同构建，其存续与发展依赖于所有网络成员的共同付出与悉心维护。在网络环境中，每个参与网络活动的主体，既享受着网络所提供的便利、信息及服务，同时也肩负着为他人提供同类支持的义务。换言之，每个人既是网络信息的使用者与受益者，享有相应权利，亦是网络信息的生产者与提供者，承担着对等的义务。网络上信息的交流以及网络所提供的服务并非单向进行，而是呈现出双向乃至多向的态势。① 共享性是网络的关键属性，网络资源源于网民，同时也服务于网民，唯有全体网民齐心协力、群策群力，方能推动网络资源不断丰富。倘若人们皆只贪图享受权利，而不愿承担义务，只想着从网络获取资源与服务，却不愿提供资源与服务，那么网络资源必将枯竭，网络生活也将难以为继。唯有当大家形成权利与义务的良性互动时，网络才能充满生机与活力，网民方可源源不断地享受网络信息与网络便利。互惠原则充分体现了网络道德生活对权利与义务统一性的基本要求，它不仅要求网络主体的活动对他人保持善意、不造成伤害，更强调对他人有益，即既要有所获取，亦要有所付出，这是在网络主体之间平等、尊重原则基础上的更高层次要求。

（二）保障网络自由的技术边界

网络媒体肩负着为主体信息自由提供坚实保障的重任。自由是网络的本质特征，信息自由共享是互联网设计的初衷，信息的自由流动更是网络空间的生命力之所在。网络信息自由本质上得益于 0、1 编码所赋予的技术便捷性，它唤醒了人们追求自由的意识，使人们得以摆脱时间、空间以及现实社会角色等诸多束缚，从而获得了前所未有的信息选择自由权。开放性是互联网最为根本的特性，自设

---

① 戴汝为：《网络道德的三个原则》，《中国信息界》2005 年第 13 期。

计伊始，互联网便秉持开放的理念，采用了更有助于实现这一理念的分布式网络体系与包切换技术，整个互联网架构于自由开放的基础之上。网络传播应当保障用户自由进出的权利。从技术层面而言，不应设置任何出入限制条件，确保个人拥有完全自由出入的权限。尤其要着重保障网络技术弱势群体的信息获取权，避免信息屏障导致网络使用的不平等现象。网络媒体的信息访问设计应尽可能追求简洁、便捷，降低技术门槛，简化操作流程，设置文字、视频及语音等多种形式的访问帮助模块，并在媒体访问的通俗性方面持续创新，为网络技术弱势群体提供更多便利。

网络媒体还要在网络自由中保障合理界限。网络媒体不仅要在技术上保障网络自由，还需确保其处于合理界限之内。互联网虽在技术层面和抽象意义上赋予了人们自由，但在实际应用中，网络自由的实现必须受到一定的法律与伦理约束。自由从来都不是绝对的，个人自由应以不侵犯他人自由、不损害群体利益为伦理底线，否则便会陷入自由主义的误区，最终导致网络社会生活整体的无序与不自由。网络言行虽属个人自由范畴，责任自负，但其引发的影响具有社会性，往往超出个人所能承担的范围。网络的自由特性也为现实社会中的一些不良群体提供了活动空间。事实证明，完全放任的极端自由只会带来无序与伤害性后果，缺乏规制的网络自由会致使有害信息泛滥，严重污染网络空间，阻碍人们正常的网络活动。因此，网络媒体不仅要保障网络活动个体的信息自由，更要维护网络主体作为一个共同体的信息自由，明确界定个人自由的边界。网络自由既需法律边界的约束，亦需伦理边界的规范。网络媒体自身不仅不能滥用信息自由权，还应引导网络活动主体将自由与责任有机结合。唯有在责任和规则的约束下，自由才能保障网络社会的有序运行，使人们在更大程度、更广范围、更高水平上享有自由，进而确保网络社会整体的信息自由权得以实现。斯皮内洛指出："网络空间的终极管理者是道德价值而不是工程师的代码。"① 网络媒体既要借助技术手段为言论自由设定边界，又要通过对传播权的调控构建道德引导机制，让遵守网络道德规范的言行能够赢得更多赞誉，在网络中获得更大的传播权，而违背网络道德规范的言行则应受到批评与封禁，被剥夺网络传播权，以此维护网络空间的道德秩序。

（三）保障信息共享的技术边界

网络媒体肩负着保障网络资源共享的重要使命。互联网本质上是为实现信息资源共享而搭建的技术平台，共享可谓是互联网的核心价值与根本目标。网络活动实则是人们在共享过程中获取资源，并将自身资源与他人分享的过程。例如，人们浏览网络媒体，可获取大量免费信息；使用搜索引擎，能得到大量免费资源；使用软件，则可获得大量免费技术服务。这与商品社会中商品生产和交换的基本原则截然不同，众多网络资源并非依据价格来配置，其追求的并非利益最大化，而是信息最大化。网络媒体需深刻洞察网络伦理的这一特性，避免采用简单的商业逻辑开展媒体运营，切不可用利益最大化取代信息最大化，否则将损害媒体的共享特性，进而致使媒体在网络上的影响力降低。

网络媒体还需在共享过程中切实保障知识产权。强调网络媒体的自由传播与信息共享，并非意味着无限制的自由共享。互联网共享信息的底线在于对知识产权的保护与尊重。知识产权指"自然人、法人或其他社会组织在一定时间和一定地域范围内对其创造性智力成果和商业标记依法享有的民事权利"②。网络传播使得作品的复制与传播更为便捷，同时也让侵权行为变得更加容易且难以追究责任，这无疑加大了知识产权保护，尤其是版权保护的难度。部分人错误地将网络信息共享等同于免费共享，从而产生网络世界不存在知识

---

① Richard A. Spinello, *Cyberethics: Morality and Law in Cyberspace* (Jones and Bartlett Publishers, 2003), p. 16.

② 柴慧婕：《知识产权制度构建》，河南人民出版社，2016，第11页。

产权的错误认知。实际上，网络并未改变知识产权中利益主体的相互关系，也未改变知识产权的本质。在网络共享中，存在两类较为突出的侵犯知识产权问题。其一为数字化权，它是传统版权在数字化领域的延伸。数字版权同样归属于版权人，只有经过版权人授权后才可使用。网络媒体必须严格限制未经许可的数字化传播行为，诸如未经允许的数字化转载、刊登、节选等行为均在此列。其二是超文本链接权。互联网借助超链接技术将不同网站连接起来，这种链接式传播方式让每个网页都成为通往整个网络世界的入口，使网络传播相较于传统传播方式展现出巨大优势，同时也是互联网自由、共享精神在技术层面的实现方式。在网络群体互动过程中，超链接方式与协同过滤技术共同作用，促使同质性内容大量聚集，成为重要的推动因素。链接方式虽提高了传播效率，但也增加了版权保护的难度。超链接侵权行为表现为绕过被链接网站主页设置链接、未经授权对明确声明"未经许可不得链接"的内容进行链接，以及以"加框"方式损害被链接媒体利益等。对于这些侵权行为，网络媒体需承担相应的法律责任与伦理责任。

（四）保障网络参与的技术边界

网络媒体在网络社会监督中扮演着至关重要的角色，需全力保障网络社会监督的有效开展。作为影响力极大的"第四媒体"，网络媒体堪称真正意义上人人皆可参与信息制造和传播的大众媒体。普通民众能够借助互联网广泛投身于社会事务的讨论与评价。网络社会监督具备显著优势。一是监督主体和客体都具有广泛性，能打破时间和空间的限制，使监督范围得到前所未有的拓展，营造出全民参与监督、监督覆盖全民的良好局面。二是监督方式多样且高效。网络的多媒体特性为社会监督提供了丰富手段，能迅速引发社会关注，激发社会讨论，还能提供多种互动渠道。不同意见和信息可在网络上快速、便捷地交流，极大地提高了沟通效率。三是网络监督有助于推动民主进程，在网络监督过程中，人们能逐渐明晰什么是

"应当"做的，正义、公德、知识得以广泛传播，发挥了社会教育作用，也有力地推动了民主进程。

网络媒体在网络监督中，还需着重保障个人的人格权不受侵犯。人格权是"民事主体所固有的、以维护主体的独立人格所必备的生命健康、人格尊严、人身自由以及姓名、肖像、名誉、隐私等各种权利"①。一是网络监督要保障个人的名誉权不受侵犯。名誉权是一项重要的人格权，体现了个人的社会评价，反映个体的社会影响和人格尊严。网络为人们提供了广阔的自由活动空间，但也使得侵犯名誉权的行为变得成本更低、影响范围更广，如捏造事实、败坏他人名声的网络诽谤，以及通过贬损、谩骂等方式实施的网络侮辱和欺凌。二是网络监督要保障个人的姓名权和肖像权不受侵犯。姓名权和肖像权同样是人格权的重要内容，是个人特定的社会标识，具有专有性，他人不得干涉和冒用。由于网络活动无须真实身份验证，冒用他人姓名或肖像进行网络活动，甚至借此获取非法利益的现象屡见不鲜。网络上时常出现冒用当事人身份发布内容、制造谣言、误导舆论的情况。当前，追究网络侵犯姓名权和肖像权的法律责任是一个全球性问题，公众人物的姓名权与肖像权被侵害的现象尤为普遍。三是网络监督要保障个人的隐私权。个人隐私权是人格权的重要组成部分，个人隐私权受侵害是网络社会备受诟病的严重问题。隐私权虽不属于个人财产权，却能为商家带来巨大利益，甚至可转化为财产收入。在网络化生存模式下，人们会在网络上留下大量个人隐私信息，在大数据技术的作用下，这些信息被大量集中。若这些信息不能得到严格保护和限制使用，个人隐私权将面临前所未有的挑战。四是网络媒体要承担起网络权益保护的伦理责任和法律责任。侵犯人格权的现象多发生在微博、微信、论坛等网络平台，而法律对此类侵害的惩戒往往具有滞后性。网络媒体应充当监管的第

---

① 李伦：《网络传播伦理》，湖南师范大学出版社，2007，第105页。

一道防线。一方面，作为内容提供者，网络媒体不应随意发布和转载涉及侵犯人格权的内容。网络媒体应具备对个人信息进行加密和保护的技术能力，提高信息加密技术的应用水平，并对个人信息泄露承担相应法律责任。技术能力不足的企业不应收集用户个人信息。对个人信息的采集应遵循最小必要原则，避免过度采集用户隐私信息。作为用户信息的管理者，网络媒体要妥善保护用户的登记信息，未经用户授权，不得将个人信息用于其他用途。另一方面，网络媒体在内容把关时，有责任做好人格权保护工作，对网民发布的内容进行监督和引导。对于涉嫌侵犯他人人格权的内容，要及时阻止并尽快删除，防止"人肉搜索"等网络暴力行为的发生。

第二节　营造友善诚信的网络道德生活氛围

道德作为"调整人与人之间关系以及人与社会之间关系的一种特殊行为规范的总和，体现着一定社会或阶级的行为规范和要求"①，反映了特定的经济基础和社会生活。既然道德本质上是属于人的精神生活，目的在于调节个人利益与社会共同利益这一人类社会生活中的关键问题，那么道德必然与人类生活紧密相连。作为社会意识的一种表现形式，道德在人类社会交往进程中逐渐形成，人类生产生活方式的变革，也必定会引发道德的相应改变。道德源于生活，是生活的重要组成部分。网络道德生活是道德生活在网络领域的延伸，道德生活与网络道德生活呈现出一般与特殊的关系。网络道德生活虽在虚拟的网络空间展开，但并非虚拟的道德生活，道德生活的本质与基本规范并未发生根本性变化。所以，从本质而言，网络道德生活并非一种全新的道德生活形态，现实道德生活的基本规范与准则在网络道德生活中依旧适用。然而，网络创造了一种全新的

---

① 王贤卿：《道德是否可以虚拟：大学生网络行为的道德研究》，复旦大学出版社，2011，第83页。

生活方式。新的生活方式与新的生活存在区别，即便生活本质不变，人们的生活方式也完全可能出现新的变化。故而，对于网络道德生活的认知，既不能脱离现实生活，也不能局限于现实生活，而应在充分了解网络社会基本组织架构的基础上，去认识网络道德生活的本质与基本内容。

一 营造友善的网络生活氛围

善，作为伦理学探讨的基本命题，亦是人类道德生活的核心内容之一。友善，是人与人交往过程中对善的具体要求，善为友善规定了基本价值指向，友善则体现了善的社会价值。"内善外友"，深刻体现了中国传统文化对于构建和谐人际关系的道德追求。《论语·学而》中说，"礼之用，和为贵"①，明确指出"礼"的最大作用在于促进人与人关系的和睦与和谐。友善，同样是社会主义核心价值观的重要内容，是在新时代背景下对中国传统友善道德的弘扬与发展，对于当下构建和谐社会关系、营造积极社会心态以及凝聚多方社会力量，都具有至关重要的意义。网络交往，作为人际交往的全新形式，尽管网络空间具有虚拟性，但其实质仍是现实中人的交往，依然遵循现实社会的交往准则。网络交往呈现出典型的陌生人交往场景特征，交往频繁却关系淡薄，稳定性较差，且不友善行为所付出的代价相较于现实社会要低得多。这使得友善所依赖的外在道德约束有所弱化，从而对人们友善的道德自觉提出了更大的考验。

（一）以友善化解网络人际疏离

马克思主义认为，人是在社会关系中存在的，"在其现实性上，它是一切社会关系的总和"②。在人类社会交往进程中，社会关系得以形成并对人的发展产生制约。网络交往与现实世界的人际交往存在显著差异。一方面，人与人的交往并非面对面的直接互动，而是

① （宋）朱熹：《四书章句集注》，浙江古籍出版社，2014，第44页。
② 《马克思恩格斯选集》第1卷，人民出版社，2012，第39页。

借助计算机代码来实现，人们在交往过程中的情感、表情、语言及行为等都被代码化处理。这种以信息技术为媒介的交往方式，缺失了现实交际所具备的直接性与可触及性。另一方面，网络交往使熟人圈进一步缩小，陌生人之间的交往成为常态。在现实世界中，人们的交际大多在由某种关系联结的熟人圈子内进行，接触陌生人的范围与机会相对有限。然而，网络交往绝大多数发生在缺乏现实联结的陌生人之间。那些在现实社会中毫无关联的人群，通过网络聚集在一起，凭借松散且短暂的联系产生交集，人们置身于一个多变且充满不确定性的关系世界。在这样的情境下，能够拉近人与人情感距离的并非熟人关系或现实联结，而是陌生人之间基于友善的道德自觉。之所以对陌生人的友善需要更高程度的道德自觉，是因为维持对熟人的友善，既可能源于内心的真诚善意，也可能受到人际关系、现实利益、个人形象等因素的影响，或是出于对不友善行为可能遭受社会惩罚的主观预判。而在陌生人社会中，这些现实压力和主观预判会减弱甚至消失，对那些没有现实联系，甚至未曾真实接触过的陌生人保持友善，更多的是源自内心的道德意愿。陌生人之间的友善，能够成为情感的重要纽带。一方面，它能将素不相识、身份各异的网民紧密连接起来，促使他们达成共识、形成合作，进而营造出和谐温暖的网络氛围；另一方面，陌生人之间的友善，更能彰显社会的温情以及道德的强大力量，有利于培育积极乐观的社会心态，让人们获得"赠人玫瑰，手留余香"这种高层次的精神享受。

（二）以友善化解网络戾气

网络戾气是导致网络群体互动发生偏移的重要环境性因素。在暴戾现象的背后，往往是人们缺乏对陌生人的理解、宽容与友善，将网络视作一个发泄各种怨恨与敌意的情绪垃圾场。在道德议题方面，网络暴力还披上了道德声讨的"合理"外衣，实际上，这不过是在"人多势众""法不责众"的心理掩护下，对他人进行的公然侵犯与欺凌。以网络暴力方式推动的道德声讨，并非对社会伦理秩序的维护以及对公平正义的捍卫，而是对网络生态的破坏、对友善伦理的挑战。此外，还有充当冷漠看客的"沉默的大多数"，他们对网络暴力采取围观态度，不表态、不反对，表现出漠不关心、熟视无睹的姿态。亚里士多德指出："人类不同于其他动物的特性就是在于他对善恶和是非合乎正义以及其他类观念的辨认。"① 那些常怀友善之心的人，无论在何种情况下，都能坚守对善的执着，不会因交往环境与交往对象的改变而动摇。对于他人的痛苦，他们能够感同身受，秉持"己所不欲，勿施于人"的原则，并力所能及地帮助他人，不参与对他人造成伤害的暴力行为，不挑动负面情绪，不造谣生事，不煽风点火。倘若人人都能具备友善的道德自觉，或者友善在网络中成为主流表达与强势话语，那么网络交往中的戾气便难以形成气候，网络生态也会日益风清气正。

（三）以友善化解网络个人主义倾向

网络世界高度强调个性，注重个体的选择与自由。在网络环境中，"我"摆脱了现实中的各种束缚与制约，成为自身的主宰，不仅拥有信息的选择权，还掌握了信息的发布权与传播权，可以自主决定支持或反对的内容，从而使自我获得了前所未有的释放。网络的协同过滤机制进一步加剧了这种倾向，将个人的喜好无限放大，使自我不断膨胀。自我的过度膨胀引发了个人主义的抬头，使得网络上出现个人主义倾向。人们会错误地认为网络是展现自我的舞台，"我"的喜好与感受成为行为的唯一依据，进而导致忽略他人的感受与权利，忽视相互的尊重与关怀，甚至将网络当作个人情绪的发泄场所，把他人当作个人情绪的发泄对象。

友善的意义在于实现网络活动中的相互理解与相互尊重。首先，要打破因信息窄化而产生的对他人或特定群体的消极刻板印象，纠

---

① 〔古希腊〕亚里士多德：《政治学》，吴寿彭译，商务印书馆，1998，第 8 页。

正潜在偏见，以更加开放、包容的态度进行网络交流，广泛获取不同方向的信息。其次，要突破网络协同过滤造成的圈层现象，多与不同圈层、不同群体的人展开交流，秉持平等、尊重的态度，加强各阶层之间的互谅互让与理性沟通，尊重不同群体的生活方式与生活选择。当不同群体之间产生隔阂甚至冲突时，要保持沟通与对话的姿态，以友善作为交往的底色，弥合各种裂痕。最后，要破除"自我至上"的认知误区，在平等的基础上与他人进行交流。平等是友善的基本内涵，若道德主体之间没有地位平等，便不会有真正的友善。网络主体需摆正自己与他人的位置，既要意识到自我主体的存在，又要尊重他者主体，将自我实现与尊重他人紧密结合。

二 营造诚信的网络生活氛围

诚信是儒家伦理规范中的关键内容，也是人类社会共同尊崇的基本道德规范。表里如一、坦荡真实、不欺骗隐瞒，此谓之"诚"；讲信誉、重信用、忠于职守，此谓之"信"。在《说文解字》中，诚信被解释为"诚，信也，从言成声"，"信，诚也，从人成言"[1]。在儒家思想中，诚信是人在社会立足之根本。《论语·为政》中说，"人而无信，不知其可也"[2]，意思是认为人若失去信用，便难以在世上立足。不仅个人要依靠诚信立足，国家同样要依靠诚信立国。《论语·学而》中再次强调，"道千乘之国，敬事而信，节用而爱人，使民以时"[3]，指出大国治理要严谨守信，诚实无欺。《荀子·不苟》也指出，"君子养心莫善于诚，致诚则无它事矣"[4]，认为诚信是品德高尚之人的基本操守。诚信同样是社会主义道德规范的重要要求，是社会主义精神文明建设的重要内容。网络社会作为典型的陌生人社会，社会信用系统的约束相对弱化，因此，网络主体保

---

[1] （汉）许慎撰、（清）段玉裁注《说文解字》，上海古籍出版社，1981，第16页。
[2] （宋）朱熹：《四书章句集注》，浙江古籍出版社，2014，第50页。
[3] （宋）朱熹：《四书章句集注》，浙江古籍出版社，2014，第42页。
[4] 高宏存、张泰编著《孔子家语通解》，研究出版社，2014，第7页。

持诚信的道德自觉就显得尤为重要。

信用是社会和谐友善的基础。网络失信行为会削弱行为人的信用，削弱人们之间的信用联系。倘若网络空间缺失诚信的支撑，虚假欺诈肆意蔓延，将会使网络社会滋生严重的信任危机，增加网络社会运行成本。这不仅会影响人们在网络中的交往体验，降低其网络活动的幸福感与自由度，还会使网络交往难以深入开展。对网络主体而言，失信常常导致自我束缚，使其丧失网络声誉与网络影响力。故而，诚信既是网络主体应履行的道德义务，也是维护网络社会正常秩序的必要条件。

关于诚实守信的基本要求，网络世界与现实世界保持一致。然而，在道德行为的具体实践方面，二者存在一定差异。在现实社会中，由于人们的社会身份与社会角色清晰明确，社会信用通常与这些身份和角色紧密相连。为维持自身身份与角色，人们必然会维护相应的个人信用。而网络社会的虚拟性，使社会角色和身份模糊不清，个人诚信与身份、角色的紧密关联弱化甚至不复存在，失信行为的外在约束机制随之弱化。这便决定了网络道德行为更依赖网络主体的道德自律，对人们的道德行为提出了更高标准。

部分人存在错误认知，认为网络失信行为主要指企业主体的欺诈、虚假宣传等旨在获取不当经济利益的行为，且失信行为的最大危害在于造成经济损失。实际上，网民个体的失信行为在网络生活中屡见不鲜。这些行为虽大多并非为了谋取经济利益，有些甚至源于维护社会道德秩序的合理初衷，但依然会引发诸多社会危害。身份欺骗、隐私泄露、谣言诽谤等失信行为在网络群体互动中频繁出现。例如，一些人通过全网散布个人隐私信息来实施道德惩罚，主观上不认为此举属于失信行为，实则辜负了获取他人隐私信息时对方给予的信任，既违反道德规范中的诚信原则，也是侵犯他人权利的违法行为。通常情况下，人们在网络上以虚拟身份活动，只要遵循法律规范和道德规范，这种身份虚拟性来自网络活动特性，并不属于失信范畴。但倘若利用虚拟身份谋取不正当利益，或者盗用、冒用他人身份，则属于失信行为。在网络群体互动中，最为常见的失信行为包括冒用当事人或权威人士身份发布信息、未经当事人授权散布他人隐私信息，以及传播虚假信息。

三 激发网民的道德荣辱感

道德荣辱感是人们对道德行为所做的"光荣"或"耻辱"的道德评价和确认，是道德情感的重要组成部分，也是道德价值观的重要表现形式，对道德行为起着重要调节作用。它既可以通过社会评价获得，也可以通过自我评价获得。如果说道德舆论是推动人们向上向善的外部动力，那么道德荣辱感就是内部动力。道德规范只有转化为个体的内心信仰，并且这种信仰表现为强烈的道德荣辱感，才能转化为个人的内在品质。

（一）激发网民强烈的道德荣誉感

荣誉，是人们所获得的来自社会的褒扬、肯定与赞赏；而荣誉感，则是人们基于此所产生的自我肯定的心理体验，从中人们能够体会到人格尊严与道德价值。德国伦理学家包尔生指出："一个人通过他的品质和行为在他的伙伴中唤起某种情感……这些情感以判断的形式表现自己并为其他的情感所影响、加强和共鸣，因而产生了对于社会中的特定个人的某种总的价值估价的东西：这就是他的客观荣誉。"[1] 斯宾诺莎也强调："我们把个人对于荣誉的恰当的态度，把与荣誉冲动相适应的那种德性叫作对荣誉的爱。"[2] 基于人类趋乐避苦的心理本能，人们天然倾向于追求积极的心理体验，同时极力避免消极的心理体验。道德荣誉感能让人们获得愉悦且满足的心理感受，出于对这种感受的追求，人们会促使那些能够带来道德荣誉

---

[1] 〔德〕弗里德里希·包尔生：《伦理学体系》，何怀宏、廖申白译，中国社会科学出版社，1988，第489页。
[2] 〔荷〕斯宾诺莎：《伦理学》，贺麟译，商务印书馆，1983，第493。

感的行为不断重复出现。无论在现实生活还是网络世界，道德舆论发挥引导作用，归根结底是通过触动人们内心深处的荣辱观念，进而对道德生活产生影响。在网络社会中，不存在严格的层级关系，人际交往时秉持诚实守信的原则，就成为树立良好个人信用和形象的关键途径。而道德荣誉，正是社会对网络主体道德行为的一种认可与犒赏。在网络世界里，人们同样渴望获得社会归属感，甚至对于部分人而言，在虚拟网络中反而更容易找到这种归属感。获得他人的褒扬和肯定，是满足这种归属感需求的重要方式。那些具有强烈道德荣誉感的网民，不仅积极追求正面的社会评价，更有着维护自身道德声誉的内在驱动力。这种动力一旦持续存在，就能够转化为主体稳定的道德价值取向，不断推动人们道德素养的逐步提升，使他们在网络行为中始终坚守道德底线，为营造健康的网络环境贡献力量。

（二）激发网民强烈的道德耻感

"耻感是行为主体依据内心所拥有的善的标准对特定行为、现象所作出的否定性评价而形成的主观感受。"[①] 马克思指出："羞耻已经是一种革命……羞耻是一种内向的愤怒。"[②] 知耻，向来是中国传统文化坚守的道德底线。道德耻感能让人们内心滋生出否定、贬斥、羞愧、痛苦、鄙弃等消极的心理感受，凭借这些感受，人们便能抑制那些不当行为的再次发生。道德耻感与道德荣誉感并非孤立存在，而是相互促进、相得益彰。一个人若怀有强烈的道德荣誉感，那么他往往也具备强烈的道德耻感，反之亦然。在强烈道德耻感的驱动下，人们会下意识地对自身行为的道德意义展开预测与评估，由此清晰地知晓什么事情可以做、什么事情不能做，进而做出趋向荣誉、规避耻辱的行为选择，同时对自身不道德的行为加以抑制和约束。

---

① 王锋、高兆明：《懊悔：知耻明荣的道德心理机制》，《南京社会科学》2009 年第 10 期。

② 《马克思恩格斯全集》第 47 卷，人民出版社，2004，第 55 页。

然而，在当下网络环境中，部分网民的道德耻感却极为模糊，界限感严重缺失。他们对一些网络失信行为不仅不感到羞耻，反而当作荣耀之事，这无疑造成了荣辱颠倒、是非混淆、美丑不分的乱象。所以，以道德耻感约束道德行为，在开放、包容的网络活动中就显得尤为重要。每一位网民都应当始终树立底线意识、规则意识、信用意识和责任意识，无论何时何地，都要坚守明确的是非标准和不可逾越的道德底线，唯有如此，才能让网络空间更加清朗有序。

第三节　完善道德的自我教育与社会教育

习近平总书记强调，在网络建设中"要加强网络伦理、网络文明建设，发挥道德教化引导作用"[①]，"培育积极健康、向上向善的网络文化"[②]。网络素养既包含人们运用互联网的实际能力，也反映出人们合理且高效运用互联网的水平。当下，网络技术迅猛发展，不断催生新事物、新业态，同时也带来诸多新问题。然而，网民网络素养的提升速度却落后于网络发展的步伐，这就导致了网民素养与网络社会发展之间产生差距。道德教育作为人们获取道德知识、提升道德素养的关键途径，是道德治理的主要方式。它主要通过社会教育与自我教育这两条基本路径来实现。良好的社会教育，能够有效提升人们自我道德教育的能力；而出色的自我教育能力，又有助于人们更好地接纳社会教育。尽管二者在功能和侧重点上存在差异，但它们相辅相成，既不能相互替代，也不应有所偏废。

一　完善社会道德教育

德性贯穿于人们社会生活的始终，基于此，广义的社会教育涵盖了社会生活作用于个体身心发展的所有教育过程。在这一范畴内，

---

① 《习近平谈治国理政》第 2 卷，外文出版社，2017，第 534 页。
② 习近平：《在网络安全和信息化工作座谈会上的讲话》，人民出版社，2016，第 9 页。

学校教育作为社会教育的重要组成部分发挥着自身作用。而狭义的社会教育，则特指学校教育之外的教育活动。道德的社会教育，从广义社会教育的视角定义，指的是社会生活中对人们德性的形成与发展产生影响的过程。社会教育具有重要意义，它能够激发个体的主体意识，为自我教育筑牢根基；同时，还能为自我教育提供知识、经验以及客观条件，确保自我教育沿着正确方向前行。个体实现从受教育者到自我教育者的转变，离不开社会教育长期的引导与积极的启发。

加强社会道德教育是一项复杂的系统工程，需要从多个层面、通过多种渠道协同推进。社会教育作为社会上层建筑的一部分，反映了特定社会的生产关系以及经济基础状况，不同社会制度的国家，其社会教育的性质也有所差异。我国的社会教育，应凸显社会主义意识形态的指导地位，以社会主义道德规范作为基本指引，将社会主义核心价值观作为基本价值导向，营造以弘扬集体主义、爱国主义、人道主义等为主流的社会道德教育氛围。

（一）强化社会主义道德规范教育

道德规范是一个由一般道德规范与特殊道德规范共同构成的系统。一般道德规范是对社会生活整体的道德要求，具有普遍性和宏观指导性；特殊道德规范则是针对某一特定社会生活领域的特殊道德要求，它既蕴含着一般道德规范的基本价值与基本要求，又彰显出特定社会生活领域的独特性。举例来说，社会主义道德规范以及社会主义核心价值观属于一般道德规范，它们发挥着宏观指导与价值引领的关键作用。而职业道德、网络道德、家庭美德等则归属于特殊道德规范。在社会道德教育体系中，一般道德规范的教育是根基所在。只有透彻掌握一般道德规范的基本原则，才能够真正领会特殊道德规范的价值指向。同时，针对特殊群体的特殊需求，也需要开展特殊道德规范的教育。不同性质的社会对应着不同的道德规范体系，而道德规范体系也反过来体现了不同社会的性质特征。社会主义道德规范，一方面继承了人类历史上其他社会道德规范中的合理成分，另一方面又充分体现了社会主义的本质特征。因此，开展一般道德规范教育，核心在于做好社会主义道德规范的教育工作，确保社会主义道德规范在多元化的网络社会中始终占据主流和主导地位。

要讲清楚社会主义道德规范的本质。"利益是道德的基础，不同社会的道德原则和规范之所以不同，正是因为它们所反映和代表的利益有所不同。"① 社会主义道德规范与其他社会制度下的道德规范存在根本区别，其核心在于它并非代表任何特殊集团的利益，而是全心全意为维护最广大人民的根本利益和整体利益服务。所以，社会主义道德规范以服务人民的精神为核心底色，以集体主义原则为根本准则，强调个人利益与集体利益、局部利益与整体利益的有机统一。

社会主义道德规范的基本要求充分体现了社会主义道德的本质特征，它将爱祖国、爱人民、爱劳动、爱科学、爱社会主义有机统一起来。这"五爱"相互关联、相辅相成，基本涵盖了社会生活中的主要道德关系，是社会主义社会的基本道德遵循。中共中央、国务院在 2019 年颁布的《新时代公民道德建设实施纲要》中提出，要把社会公德、职业道德、家庭美德、个人品德建设作为着力点，推动践行以文明礼貌、助人为乐、爱护公物、保护环境、遵纪守法为主要内容的社会公德，以爱岗敬业、诚实守信、办事公道、热情服务、奉献社会为主要内容的职业道德，以尊老爱幼、男女平等、夫妻和睦、勤俭持家、邻里互助为主要内容的家庭美德，以爱国奉献、明礼遵规、勤劳善良、宽厚正直、自强自律为主要内容的个人品德。② 这一系列内容正是在"五爱"基础上，对社会主义道德规范

① 《伦理学》编写组：《伦理学》，高等教育出版社，2012，第 177 页。
② 《中共中央 国务院印发〈新时代公民道德建设纲要〉》，中国政府网，http://www.gov.cn/zhengce/2019-10/27/content_5445556.htm。

的具体阐释。

要将社会主义核心价值观贯穿一般道德规范的教育过程。社会主义核心价值观本质上既是一种价值准则，也是一种道德要求。它与社会主义道德规范具有内在的一致性：富强、民主、文明、和谐体现了国家层面的道德要求；自由、平等、公正、法治体现了社会层面的道德要求；爱国、敬业、诚信、友善体现了个人层面的道德要求。道德教育应当从社会主义道德规范与社会主义核心价值观的内在联系出发，清晰阐述社会主义道德规范的现实针对性和行动指引性，从而推动社会主义核心价值观真正内化于心、外化于行。

（二）强化学校网络道德教育

网络道德规范属于一种特殊的道德规范，它既涵盖了一般道德规范的基本内容，又展现出网络道德生活的特殊要求。在道德规范的基本原则保持稳定的前提下，其应用必须与网络社会相契合，从而为网络空间中人与人的关系提供更具针对性的行为准则。如今，网络技术发展迅猛、日新月异，传统社会所形成的道德规范需要适应这一快速变化的网络世界。然而，当前网络道德教育存在针对性不足的问题，常常只是对传统社会道德准则进行简单的延伸与改造，并非源于网络社会生活的真实需求。网络道德教育应充分重视网络道德环境与现实道德环境的差异，以及网络道德监督机制和现实道德监督机制的不同。以一般道德规范教育作为道德教育的基本底色，提供价值指引；以网络特殊道德规范教育体现道德教育的层次性与针对性。青年要扣好人生第一粒扣子，它决定了国家和民族发展的未来方向。学校教育是获取系统道德知识、启发主体道德自觉的基本途径，在道德教育中占据特殊重要的地位。学校教育具有系统性、发展性和连贯性等优势，能够依据受教育者在不同年龄段的心理、生理特点，循序渐进地开展道德教育，充分体现出道德教育的层次性和渐进性。此外，学校教育还能够构建起道德教育的知识体系，通过专业教育者在固定教育场所进行传授，提升了道德教育的专业性与规范性。

在基础教育阶段，需依托"道德与法治"课程，大力加强网络道德教育。道德教育宜从小抓起，网络道德教育亦应从基础教育起步。青年网民作为网络活动的主体，当代青年呈现出显著的网络化生存特征，未成年人参与网络活动的频率提升，时长增加。青少年时期是塑造价值观与世界观的关键阶段，这一时期的孩子对新技术、新事物的接受度高，但由于认知能力和实践经验尚显不足，容易出现见物不见人的情况，产生单纯追求新技术而忽视人的主导性的倾向。

当前，网络德育内容虽在小学高年级的"道德与法治"课程中有所展现，初中课程也设有专门章节进行讲述，但相较于青少年日益广泛且深入的触网情况，教学内容显得相对滞后，体量也较为单薄。这极易致使教学与学生的生活实践脱节，陷入空洞、抽象的困境。因此，课程内容必须紧跟网络发展态势，密切留意网络道德领域出现的新现象、新问题，并及时进行更新与调整。鉴于青少年触网年龄不断提前，应进一步加大小学低年级网络德育的教育力度，让青少年在初次接触网络时，便树立起相应的网络道德意识，从小养成良好的网络道德习惯。在中学德育中，需进一步增加网络德育内容的比重，使教育内容更具时代性、现实针对性，依据青少年群体的成长特性以及网络活动特点进行内容设计。德育内容应更具情境化、案例化，避免落入传统抽象说教与简单灌输式教学的窠臼。此外，网络道德教育还需与法治教育紧密结合，让青少年明晰网络行为的法律界限，防止因法律知识匮乏而行为越轨。

在高等教育阶段，要通过多渠道开展网络德育。大学生是网络活动的活跃群体，也是未来网络世界的建设主力军。在初等教育阶段，通常会对学生使用网络的时间与范围加以限制，学生处于相对严格的他律环境。进入高等教育阶段后，部分针对未成年人的网络使用限制不再适用于大学生，学校监督环境相对宽松，大学生使用网络时所受的他律力量骤然减弱，这对学生的道德自律能力构成了巨大考验。许多大学生正是由于自律能力欠缺，进入大学后沉迷网络，出现了诸多网络失范行为。因此，网络德育应成为大一新生的重要教育内容，并贯穿大学教育全过程。

在大学生思想政治理论课"思想道德与法治"课程中，要系统地增添网络伦理和网络法治的内容。鉴于大学生学习能力较强、知识需求较高的特点，还可充分利用高校丰富的人文社科教育资源，开设诸如"网络伦理学""网络传播学"等系列专门课程，深化学生对网络道德的理性认知。网络道德教育不仅要融入思政课程，还应成为计算机类课程思政的重要部分。要扭转计算机网络课程只注重技术传授、忽视伦理教育的偏向，在专业课堂教学中引导学生正确理解技术与人的关系，强调人在技术发展中的主导性与主体性的重要作用。

（三）强化网络空间道德教育

学校道德教育虽具备一定优势，然而其局限性也不容忽视：其一，学校道德教育大多停留在知识传授层面，通常局限于固定的教学场所，采用固定的教与学模式展开，学生难以置身于复杂且真实的道德情境之中；其二，学校道德教育常常以宏大、抽象的内容取代具体、可操作的实践指导，致使学生对道德规范的实际应用场景难以形成具象化的认知。网络已然成为网民开展社会活动的重要场域，网络道德关系在网络互动的真实场景中逐步形成。倘若网络道德教育脱离网络的真实场景，仅仅局限于学校教育范畴，那么极易引发教育内容与社会实际相脱节的问题。故而，道德教育必须将网下的学校教育与网上德育有机衔接起来，构建起网上网下良性互动的教育格局。从社会发展的趋势来看，网络对人们日常生活的渗透日益深入，网络化生存已成为越来越多人的生活常态。网络道德是在互联网社会中孕育而生并不断发展的道德准则，是在网络社会交往过程中产生并应用的道德规范。若网络德育仅在书斋中进行，脱离网络应用场景，就容易陷入空洞说教的困境，受教育者很难真正领会网络道德规范的深刻道德内涵。此外，众多走出校园的网民离开了学校道德教育的场域，在网络活动中容易产生迷茫、困惑，却又无法及时获得引导。所以，网络道德教育不能仅仅依赖学校教育这一种途径，还必须深入网络道德的真实活动场域——网络空间。

一是着重加强道德知识的网络传播。道德教育的基础是道德知识的传授，不少失德行为追根溯源是由于道德认知的缺失。在传统课堂中，知识通过面对面的方式传授，信息传播受限于特定的教育场域，只有少数受教育者能够从中获益。与之形成鲜明对比的是，网络道德教育面向全社会开放，极大地拓展了道德教育的覆盖范围，使道德知识得以在更广阔的空间传播。

此外，网络在知识教育方面具备一项显著优势——可记录性。课堂上教师的教学过程具有即时性，学生主要依靠即时理解、记忆以及做笔记来掌握知识，这对于接受能力一般的学生而言，学习效果难免会受到影响。而互联网拥有强大的存储和记忆功能，教育内容经网络媒体存储记录后，受教育者能够进行录播、回放。这一功能不仅有助于学生加深对知识的理解与掌握，对教师来说，也减轻了答疑解惑的压力，提升了线下教学资源的利用效率。然而，这一特性也对教育者提出了更高要求。线下师生交往局限于固定场所和时间，具有一定的封闭性，交流过程中偶尔出现的失误影响范围较为有限。但在网络道德教育中，教育者的任何失误都会被网络留存，极有可能引发大规模的转发与传播，进而导致新的风险。因此，教育者在借助网络传播道德知识时，必须更加严谨审慎，对所传播的知识要做到准确理解、精准阐释，并提供恰当的佐证，确保内容不存在道德瑕疵。

二是大力强化道德生活的网络引导。道德教育不仅要实现道德知识的传递，更要注重道德生活的引导。道德知识并非一成不变的僵化体系，它仅仅为道德规范提供了基本原则以及道德生活的基本经验。这些知识在实际道德生活中如何运用，还需要教育者给予恰当的引导。在学校教学中，由于是一对多的教育模式，教师难以与每一位受教育者进行深入的交流互动。而网络具有卓越的互动性能，并且随着互联网技术的不断发展，这种互动性还在持续增强。借助网络平台，教育者与受教育者能够实现更为直接的沟通交流。一些在真实教学场景中不敢表达的受教育者，在虚拟的网络环境下反而更愿意与教育者交流；一些面对面交流时有所不便的问题，在虚拟场景中也能更畅快地表达。网络道德教育应充分发挥其互动性强的优势，重点加强教育者与受教育者之间的互动交流，通过多种渠道的互动深入了解学生的思想动态，及时回应学生的道德困惑，有针对性地开展教育引导。

三是积极推动道德教育的差异化传播。线上道德教育能够显著提升道德教育的针对性，这得益于网络传播所具备的差异化传播优势。传统教学以教育者为主导，受教育者处于被动接受教育的状态。而网络传播具有"受众本位传播"[1]的突出特点，受众拥有更大的选择权和选择空间，可以自主决定接受哪些信息、忽略哪些信息。那种单纯理论说教的道德教育方式在网络环境中缺乏传播优势，这就要求网络道德教育进一步提升自身吸引力。网络道德教育契合受众群体的心理特点、成长需求以及实践需求，使受众真正信服并从中受益，是提升吸引力的关键所在。因此，差异化传播是网络受众本位传播理念的核心要义。网络道德教育需要充分考虑受众在知识背景、能力水平、个性特征等方面的差异化需求，在教育方式上切忌简单化、模式化，避免一刀切。要充分利用网络空间提供的技术便利，针对不同受众进行分层化、精细化的教育引导，确保不同层次的受众都能获得更为精准的道德引导。

四是着力构建大德育的社会教育格局。社会的核心功能并非教

---

[1] 陈崇山：《论受众本位》，载《解读受众：观点、方法与市场——全国第三届受众研究学术研讨会论文》，河北大学出版社，2001，第71页。

育功能，然而社会实践活动却无时无刻不在对社会成员产生影响。整个社会宛如一个庞大的德育场域，以潜移默化的方式对社会成员发挥着社会教育的作用。社会教育的实现，并非仅依赖于教师传授与学生学习的传统模式，还涵盖了在道德实践过程中，社会成员之间的相互模仿、相互学习以及相互启发。基于此，道德的社会教育绝不能仅仅局限于道德规范的传授。学校教育作为社会教育的关键组成部分，应当与社会教育保持同向同行，共同构建一种立足社会道德实践、旨在促进人的自由全面发展的大德育格局，将所有有助于人们德性养成的因素都纳入德育范畴。道德归根结底需在社会实践中得以彰显，所以道德教育不能仅仅停留在知识层面，而要在实践中切实对人的德性施加影响。道德认识的发展同样遵循这一规律。道德认识一方面源于从学校学习中获得的间接经验，另一方面则来自社会实践中的直接经验。相较而言，直接经验更能激发学生的内在认知。若要使道德教育取得更为理想的效果，就必须不断推动间接经验向直接经验转化。将德育与社会实践相结合，既是积累学生直接道德经验的关键路径，也是实现间接经验向直接经验转化的重要方法。一方面，社会生活本身就是最为真实、鲜活的道德实践场所。从道德的基本准则到对美德的更高追求，都渗透在社会实践的每一个细微举动之中，体现在社会生活的各个方面。另一方面，社会公益活动、志愿服务是极具价值的道德实践活动，能够产生积极的示范效应和广泛的社会辐射效应。除了传统的社会援助、社会帮扶等公益形式，还应积极开拓网络公益渠道。网络公益是网络互助原则的重要实践体现。网络公益不应仅仅局限于网络捐款、网络资助等常规形式，还可开展道德知识的志愿宣传、不良道德行为的志愿监督、网络志愿援助等活动，努力形成"人人皆可参与"的网络公益格局。网络公益能够将网民参与网络活动的热情引导至志愿服务领域，充分发挥网络群体的积极效应，推动网络道德生活形成崇德向善的良好氛围。

二 强化自我道德教育

自我教育是个体为达成特定教育目标，进而自我驱动、自我完善、自我发展的过程，是个体追求自我成长、实现自我完善的关键路径。在这一过程中，个体能够提升自身的道德素养、道德觉悟、道德意志以及道德能力等。康德曾指出，道德的本质在于"人为自己立法"①。在人类实践活动中，教育是一种特殊的改造人的实践。这一实践活动的客体并非消极、被动的，而是积极、主动的。教育实践的对象——受教育者之所以具有主观能动性，根源在于个体所具备的主体意识。道德作为一种社会软约束，在很大程度上依赖个体的自觉、自知与自愿选择。这就决定了自我教育在道德教育中占据重要地位。自我教育过程，是主体性逐步增强、主观能动性不断提升、自主性和创造性持续发展的过程，充分体现了人的主体性的内在演变和发展。

社会教育作为外在引导因素，唯有激发受教育者的内在动力，教育成效才能够得以巩固和发展。只有将社会教育的目标转化为个体的自觉追求，才能促使社会教育的内容转化为个体现实的道德行动。而且，个体道德品质的提升是一个长期的过程，贯穿个体发展的始终，然而社会教育的影响范围却存在一定限度。尤其是社会教育中的学校教育，大多数人仅在青少年时期接受学校教育。在后续的人生发展进程中，个体主要依靠自我教育来促进自身成长。所以，成功的社会教育必然能够激发个体自我教育的动力，提升个体自我教育的能力，推动个体自我教育的有效实现。

（一）强化全过程自我教育

从教育目标而言，社会教育目标具备综合性、宏观性以及强制性，通常针对某一特定群体进行设置；自我教育目标则具有针对性、

---

① 〔德〕康德：《历史理性批判文集》，何兆武译，商务印书馆，1990，第104~105页。

微观性和主体性，是个体依据自身成长与发展需求，结合不同时间、地点而设立的目标，道德教育的目标由此从社会设定转变为自我设定。从教育方式来看，在社会教育中，教育者与受教育者身份界限清晰，呈现出由教育者主导的"传受关系"，受教育者处于被动接受的状态；而在自我教育中，受教育者从单纯的客体地位转变为主体与客体兼具的双重身份，充分彰显出个体的主观能动性与积极主动性。从教育方法来讲，社会教育以灌输教育和外在引导为主，自我教育则是自我启发、自我引导、自我选择的过程。这一过程是个体在处理自我发展的现实性与理想性的内在矛盾时，进行自我否定与自我推动的过程。这些特性决定了道德的自我教育过程与社会教育大相径庭，必须坚持全过程自我教育，并持之以恒地加以推进。

首先，要进行正确自我评价。自我评价是个体进行自我审视、自我检查的过程，同时也是激发主体意识、提升主体自觉的过程。道德评价是道德养成的关键方法。与来自外部的道德评价不同，个体自身的道德评价拥有更为丰富的内在线索。外在道德评价主要通过道德观察获取评价依据，但人们的外在道德表现与内在道德认识有时并不一致，所以外在道德评价容易出现偏差。而个体的自我评价能够更清晰地把握自身的认识活动、价值倾向以及内在需要。自我评价可采用直接和间接两种方式。直接方式是通过对自身道德行为、道德态度进行自我观察与自我反省，从而对自己作出评价。间接方式则是借助他人的反馈，或者通过与他人比较，又或者通过观察自己的外在道德行为，对自己的道德态度、道德认识等进行对比、推理等方式来进行评价。

其次，要积极自我促进。自我促进是在自我需要的驱动下，基于自我评价，推动自我完善、自我提升与自我发展的实践活动。自我评价所产生的情感体验，成为推动个体提升道德修养的重要动力。积极的自我评价会促使个体产生自豪、自尊、愉悦等正向情感体验。

由于个体具有趋利避害的心理倾向，为追求积极自我评价带来的正向情感体验，个体会维持并发展相应的道德态度和道德行为。消极的自我评价则会引发个体自卑、自怨、消沉等负向情感体验，为避免这种情感体验带来的心理痛苦，个体就会主动避免相应的道德态度和道德行为。如此一来，自我评价成为自我促进的动力源泉，促使个体不断实现自我调整与自我超越。

再次，要强化自我监督。自我监督在自我教育中占据特殊重要的地位，它能够使个体在无他人监督的情境下达到道德自律的境界，是实现自我教育目标的重要保障。在自我教育过程中，个体难免会遭遇各种思想上的动摇、情感上的波动以及现实中的诱惑。尤其是在个人独处、社会约束弱化时，个体极易放松对自身的道德要求。在网络匿名活动中，也容易因道德责任感下降而降低道德自律性。这些情况都凸显了自我监督的重要性。自我监督受个人意志力的影响，道德自觉较高的人，会积极主动地进行自我监督，及时纠正自己的错误思想和行为，展现出强大的道德意志力。因此，强化自我监督需从磨炼道德意志着手，凭借坚定的道德意志抵御内在和外在的干扰，实现有效的自我约束。

最后，要推动自我发展。自我发展是自我教育的更高层次要求，指个体在完成自我评价、自我促进、自我监督的教育过程后，设立新的、更高的道德发展目标，推动自我道德教育向更高水平、更深层次迈进的过程。如同其他认识和实践活动的发展进程一样，道德自我教育也需经历一个螺旋式上升的过程，自我发展便是一次自我教育结束与另一次自我教育开始的衔接点。它是自我教育水平持续提升、内容不断深化、效果逐步显现的过程，体现出个体追求理想自我的意志、决心与不懈行动。通过自我发展，个体实现了从自在、自然、自知到自觉、自强、自为的跨越，道德境界、道德觉悟、道德素养得以不断提高。

（二）强化道德自律

道德自律是主体将社会道德规范内化为自身内心准则，并以此来规范、约束和调整自身态度与行为的过程。从道德他律迈向道德自律，是人的道德素养得以提升、道德品质逐步形成的过程，也是从社会教育发展到自我教育的过程。任何伦理道德规范，唯有转化为道德自律，才能切实提升人们的道德素养和道德品质。一个人乃至一个社会的道德发展水平，是由该社会的道德自律水平所决定的。在网络空间中，无论网络主体以何种形式存在，人始终是主体的核心要素。主体的道德自律作为内因，外部的风险治理只有转化为主体的道德自律，才能够真正推动网络道德生活的改善。在网络空间锤炼道德自律，有助于人们进一步确认自我的主体地位和能动作用，从自发的道德状态走向自觉的道德境界。

首先，要强化"慎独"的道德自律。"慎独"是中华传统文化中一种崇高的道德追求，它要求人们即便在他人无法看见、无法听见的地方，在他人难以留意到的细微之处，依然能够做到谨言慎行、自我约束、自我克制，这是道德自律的重要要求。网络活动隐匿在虚拟身份之后，人们的活动与社会身份、社会角色的联系不复存在，具有身份不在场的特性，处于他人难以实施有效监督的场景之中，这对人们"慎独"的道德修养构成了考验。

其次，要强化"慎隐"的道德自律。"慎隐"是"慎独"的基本道德要求与重要道德表现。在隐秘的场合，当身份不在场时，是否依然能够遵守道德规范，是检验一个人道德素养高低的重要标志。所谓"身份不在场"，指的是个人社会身份的缺场导致的社会约束弱化。在社会生活中，对个人的约束常常通过身份约束来实现，个体与自身身份紧密捆绑，一旦发生不道德行为，便可以依据其社会身份实施相应惩罚，甚至导致其社会身份的丧失。道德惩罚无法像法律惩罚那样采用强制手段，因此，与身份相关联的社会性惩罚显得尤为重要，这种惩罚所导致的"社会性受损"甚至"社会性死亡"，其伤害性有时甚至超过法律惩罚。出于对社会性惩罚的畏惧，当人们意识到自己身份在场时，往往会格外注重加强道德自律，珍视自己的社会声誉。身份不在场既涵盖无他人在场的环境，也包括无他人监督的环境。无他人在场，意味着处于一个私密空间，他人无法将个体的行为与身份进行关联。无他人监督的环境，实际上既包含无他人在场的情形，还包括虽然有他人在场，但他人无法识别个体社会身份，进而导致身份不在场的情况。网络空间就属于无法识别真实身份的身份不在场场域。部分人在网络活动中丧失身份意识，忽视社会角色与社会责任，突破道德底线，这是网络群体互动演变为暴力行为的重要内在原因。追根溯源，是"慎隐"道德修养的欠缺，道德规范未能真正转化为内在的行动自觉。网络活动主体应当提高对"慎隐"的认知，深刻认识到在网络虚拟身份下的道德活动，是对一个人道德情操的重要考验，也是提升道德人格的重要实践。在隐身的网络活动中，要充分发挥道德自我教育的功能，通过在隐处自律来磨炼道德人格，坚定道德信念，提升道德自觉，战胜那些人不知而已知的邪恶念头，做到网上网下一致、人前人后一致、明处暗处一致。

再次，要强化"慎微"的道德自律。在道德养成的过程中，如果人们对一些小的恶行持容忍和肯定的态度，随着错误不断加重、问题逐渐扩大，就容易逐渐丧失判断力和抵御力，从而由小错误的量变引发大错误的质变。同理，善行的积累也会引发人们道德品质的质变，大善往往始于小善。一些网民在大是大非面前能够保持较高的道德自觉，但在一些网络活动的细节上放松了警惕，不拘小节，认为这些小事微不足道、无关紧要。殊不知，道德素养恰恰是从小节开始展现，并以小节来体现的。网络具有强大的聚合能量，每个人的一点恶行有可能汇聚成巨大的罪恶，每个人的一点善行也有可能形成强大的向善力量。同时，每个人都是网络互动中的关键节点，一个看似微不足道的言行，也可能在网络上引发意想不到的连锁反应，造成难以预料的广泛影响。这就要求网络道德自律从日常生活做起，从小节入手，树立防微杜渐、积善成德的意识，以始终如一的道德要求约束自己在网络上的一言一行，慎重对待自己每一次的网络参与。

最后，要强化"慎省"的道德自律。孔子曰："见贤思齐焉，见不贤而内自省也。"[1] 曾子曰："吾日三省吾身。"[2] 这些都是对"慎省"提出的要求。"慎省"对道德主体的"慎独"提出了更高层次的要求，即不仅要做到自我约束，还要将眼光向内，反求诸己，进行自我剖析、自我检省、自我提升。这是道德的自我教育的重要过程，一方面需要具备高度的道德自觉和强大的内心世界，另一方面进行理性、客观的自我观察需要较高的认知水平，这就要求网络主体在提高道德素养和提高文化素养两个维度共同发力。在网络参与中，一些人的言行与"慎省"的道德要求背道而驰，他们习惯于将眼光向外，把"道德大棒"当作攻击他人的武器、将道德规范作为衡量他人言行的标准，却把自己置身于道德评价之外，从不反思自己的行为是否符合道德规范，从而造成了道德评价的"灯下黑"。最为典型的就是道德绑架和人肉搜索，网民群体以不道德的方式"宣扬道德"，却不对自身行为进行道德审视和伦理评价。评价自己远比评价他人困难，这既需要更大的勇气和意志力，也需要"慎省"的道德自觉。要做到"慎省"，网络主体就应当时常自我检查，对于道德上的不足，要深入分析思想根源，从根本上纠正认知偏差；对于道德上的进步，要进行自我总结、自我肯定和自我强化，促使其转化为良好的道德习惯，增强品性上的优势，不断实现自我超越，在网络道德生活中成为道德规范的践行者，而不是仅仅充当道德批判的旁观者。

（三）磨炼坚定的道德意志力

道德意志是个体于道德实践进程中，明确自身主体地位，进而

---

[1] （宋）朱熹：《四书章句集注》，浙江古籍出版社，2014，第 60 页。
[2] （宋）朱熹：《四书章句集注》，浙江古籍出版社，2014，第 42 页。

克服内外重重困难，自觉调整自身道德行为，以达成道德目的的心理过程。即便一个人对道德规范具备高度的道德认知，倘若其道德意志薄弱，也难以将认知转化为实际的道德行动，甚至可能出现知行严重脱节的现象。所以，道德意志堪称从道德认知迈向道德行动的关键阶段，是连通道德心理活动与道德行为的重要桥梁。道德意志集中显著地体现在抵御外界诱惑、推动道德行为发生、抑制不道德行为出现的过程中。这一过程，实则是道德主体凭借道德责任战胜道德懈怠、以道德动机战胜不道德动机、用社会道德要求战胜个人私欲的激烈斗争过程，充分展现出道德主体在道德实践里克服内外困难与矛盾冲突的优秀品质和强大能力。

首先，以道德意志保障道德行为的持续性。道德行为的持续性，涵盖了道德行为在时间维度上的可延续特性以及在空间维度上的可迁移特性。道德行为的持续性，深刻彰显出主体将道德行为内化为自身道德自觉的程度。一旦具备了持续性，无论处于何种道德情境，主体都能够始终坚守道德准则，切实做到网上网下道德表现一致。道德意志具备坚持性这一突出特点，它能够有力促使人们坚守自身的道德原则，对内逐步形成坚定的道德信念，对外逐渐养成稳定的道德习惯，作为一种强大的约束力量，促使人们竭力维持道德行为的稳定性与一贯性。道德行为若要实现持续性，必然离不开道德意志的深度参与。借助道德意志磨炼道德行为的持续性，一方面，要求道德主体树立远大的道德理想。道德主体若拥有远大的道德理想，内心有所信仰，行动便有所方向，进而会展现出不畏艰难险阻、奋勇向前的坚定意志，在任何道德情境下都能始终保持高尚的道德情操和坚定的道德信念。反之，若丧失理想信念，便极易在形形色色的诱惑与干扰面前迷失前行的方向。另一方面，要求道德主体设定明确的道德目标。道德理想是主体内心所向往的崇高道德境界，而道德目标则是实现这一理想境界的具体规划。道德理想为道德主体指明前行方向，为道德意志奠定坚实基础；道德目标为道德行为标定具体坐标，为道德意志筑牢根基。目标明确，主体道德行为的不确定性就会大幅降低，道德行为的执行力也会相应显著增强。在坚定的道德理想与明确的道德目标的双重指引下，主体便能凭借强大的道德意志力，促使自身行为始终严守诚信规范，持之以恒地履行道德义务。

其次，以道德意志磨炼道德行为的坚定性。道德行为的坚定性，指的是道德行为在排除困难、抵御诱惑方面所展现出的坚韧不拔的特性，集中体现了道德行为的抗干扰能力。在实际的道德实践中，道德行为往往会遭遇各种各样的内外困难，这就需要主体妥善处理各种内外冲突，坚决抵御各种现实诱惑。缺乏坚定性的道德行为，会缺失克服困难的内在动力，在诱惑面前极易败下阵来。网络世界中诱惑繁多，且外在约束相对弱化。一些网络失信行为难以受到应有的社会惩处，却能使行为人获取一定的个人利益，这使得人们时常面临社会道德责任与个人利益得失之间的矛盾冲突。在个人主义、功利主义等错误思想的不良影响下，一些道德意志薄弱者将个人私欲凌驾于社会道德要求之上，盲目追逐利益、盲目跟从感觉、盲目跟随大众，缺乏坚定的道德意志和明确的道德目标，从而沦为网络互动中不良行为的参与者或助推者。磨炼道德行为的坚定性，一方面，要以榜样为标杆，向榜样学习、向榜样看齐。古往今来，涌现出众多不畏艰难险阻、坚决拒绝诱惑、始终坚守诚信的道德楷模，他们完全可以成为主体磨炼道德意志的学习典范。另一方面，要勇于在复杂道德情境中迎难而上，进行自我锤炼。在网络环境中坚持道德行为，必然会遭遇形形色色的困难，主体应将这些困难视作培养道德意志的绝佳磨砺机会，在与困难的顽强斗争中，锤炼出百折不挠的坚定品质。群体互动便是一种复杂的道德情境，个体不仅要承受群体带来的压力和影响，还要直面道德要求与内心不道德动机之间的冲突，以及各种现实诱惑的考验。网络主体应将群体互动视为磨炼道德行为坚定性的关键场景，在群情激奋之时始终保持道德清醒，坚决抵制浑水摸鱼、随波逐流、人云亦云的冲动，排除内外各种阻碍，持之以恒地将诚信的道德要求贯彻到底。

最后，以道德意志磨炼道德行为的果敢性。道德行为的果敢性，是从行为强度的独特视角，体现道德意志对道德行为产生的重要影响。它表现为当面临道德抉择时，主体能够当机立断、毫不犹豫地采取道德行为。道德行为的果敢性越高，其抵御内在困难的坚定性往往也越高，因此，果敢性与坚定性紧密相连、相互促进。高度的道德果敢性通常源自坚定的道德意志。道德意志强大，主体的道德目标便坚定，道德行为的内在依据也更为明确，从诚信认知转化为道德行为的过程就会更为迅速。在复杂的道德情境中，果敢性能够促使主体更快地做出正确决断，有效避免因拖延不决而受到诸多不确定因素的干扰，同时也能避免因犹豫不决而错失最佳时机。当前，许多网民在立场上不够坚定，在意见表达上不够坚决，常常采取看客和观望的消极心态，既不敢主动、明确地表明不同意见，也不敢主动与不良意见倾向展开斗争，甚至在各种意见之间摇摆不定、随波逐流，充分暴露出果敢性严重不足的问题。网络群体互动的演变态势具有极大的不确定性，合适的介入时机转瞬即逝。网络主体应充分运用道德意志，排除网络环境对自身的干扰、群体心理对自身的影响、错误认知对自身的误导，勇敢地同极端意见倾向和网络暴力行为作坚决斗争，以表里如一的道德形象，全力维护健康有序的网络生态环境。

第四节　在中国式现代化进程中加强公民道德建设 *

党的二十大报告庄严宣告："从现在起，中国共产党的中心任务就是团结带领全国各族人民全面建成社会主义现代化强国、实现第二个百年奋斗目标，以中国式现代化全面推进中华民族伟大

---

* 本部分内容刊发于《中州学刊》2024 年第 2 期，原文题目为《中国式现代化进程中的公民道德建设》，本书作者为该文的唯一作者。本书引用该文内容时有所改动。

复兴。"① 传统观点认为，人类现代化的进程起始于物的现代化，历经制度现代化，最终实现人的现代化。然而，从现代化的内在逻辑深入剖析，物的现代化、制度的现代化与人的现代化，虽在人类历史的不同阶段各有侧重，但始终以共时性的状态存在，相互促进、紧密相连，且归根结底，"现代化的本质是人的现代化"②。马克思主义人学作为中国式现代化的重要理论基石之一，明确指出人是现代化发展的根本动力源泉，现代化是人的能力、天赋等内在财富的外在呈现。现代化发展的水平与质量，最终需以人的现代化水平和质量为衡量标准，现代化的发展必然体现为一个国家国民素质的整体提升。西方现代化以资本主义的理性精神和金钱至上的价值观念为根基，主要围绕"物的现代化"展开③。与之不同，中国式现代化将马克思主义人学的伟大思想成功转化为实践，开辟出一条显著区别于西方的现代化道路④。中国式现代化对人的价值的回归，是其全方位超越西方现代化、创造人类文明新形态的逻辑起点，充分彰显了马克思主义人学的实践伟力。实现人的现代化有诸多手段，公民道德建设便是其必要环节，它为中国式现代化提供伦理支撑，注入道德力量。从马克思主义人学的视角出发，围绕人的发展这一中国式现代化的终极价值和重大命题，解读中国式现代化进程中的公民道德建设。

一 中国式现代化进程中公民道德建设的价值原点

"斯芬克斯之谜"极大地激发了人类反观自我的浓厚兴趣。然

① 习近平：《高举中国特色社会主义伟大旗帜 为全面建设社会主义现代化国家而团结奋斗——在中国共产党第二十次全国代表大会上的报告》，人民出版社，2022，第21页。

② 《十八大以来重要文献选编》（上），中央文献出版社，2014，第594页。

③ 〔德〕马克斯·韦伯：《新教伦理与资本主义精神》，马奇炎、陈婧译，北京大学出版社，2017，第41~71页。

④ 〔美〕吉尔伯特·罗兹曼主编《中国的现代化》，国家社会科学基金"比较现代化"课题组译，江苏人民出版社，2003，第6页。

而，人的自我领悟并非遵循经验性与思辨性的思路。人脱胎于自然，在历史进程中生成，人对自身的理解依赖于人的科学的发展以及人的哲学的深化。马克思虽未以明确的指导性语言阐述其人学思想，但对人的探讨贯穿于马克思主义的各个部分，形成了关于人的本质、发展与价值的一般规律认识的人学思想，完成了人学领域的革命性变革。马克思从黑格尔的精神劳动转向物质生产活动的现实劳动，把劳动过程与人的自我生产过程紧密相连，认为"正是在改造对象世界中，人才真正地证明自己是类存在物"①，指出人的主体地位与本质力量的发挥是在劳动实践中得以实现的，由此揭示了人与动物的本质区别。人的实践活动成为对象性活动，在人与自然的关系中，人处于主体地位；在人与人的关系中，即便人可能成为他人的客体，但作为社会关系的客体存在时，人仍展现出具有一般主体特征的客体性，这与自然界客体有着根本差异。然而，人的主体性并非与生俱来。在人类社会早期，人处于强大自然力量的统治之下，对自身主体性的认识也受到抑制。随着人类改造世界能力的提升，人与自然的隶属关系逐渐转变，人们对自身能动主体地位的认识也逐步增强。因此，主体性并非人作为自然体存在的固有属性，而是在主体—客体关系与主体—主体关系中生成并彰显出来的特征。

现代化的历史，是一部人类探寻自我的历史。然而，资产阶级文艺复兴和启蒙运动在回归人自身方面所做的努力，在西方资本主义现代化的实践中化为泡影。人摆脱了众神的控制，却又陷入物的牢笼，越发远离"真正的人"的世界。究其根源，私有制导致了不同个体之间、个体与集体之间的利益分离与对立，而在资本主义社会，这种对立进一步加剧并走向异化。原本具有创造价值这一特殊能力的人，在资本主义生产方式下，因物的人格化与人的物化，沦

①《马克思恩格斯文集》第 1 卷，人民出版社，2009，第 163 页。

为物的附庸，生产沦为交换的附庸，"资本具有独立性和个性，而活动着的个人却没有独立性和个性"①，人只能通过物来实现自我表达和自我确证。随着雇佣劳动制度的出现，人自身亦被商品化，在生产和交换之外，"人的社会关系转化为物的社会关系；人的能力转化为物的能力"②，物的价值（交换价值）成为人与人之间联系的中介，"交往的语言是物的语言，而不是人的语言"③，导致"物的世界的增值同人的世界的贬值成正比"④。人日益沦为精神荒芜的"单向度的人"⑤，人的尊严、幸福、情感、道德等精神利益变得模糊不清，被困于"非人"的世界。马克思主义认为，只有消灭私有制，人才能找回作为历史主体的地位。中国式现代化以社会主义公有制为基础，在中国特色社会主义的有力保障下，实现了人的主体性的本质回归，创造出属人的历史和属人的生活。

道德生活作为社会生活的重要组成部分，同样围绕人的主体性展开。从本质上讲，道德是一个高度自主的人的活动领域，任何道德原则都基于对人的自由与尊严的尊重。在资本主义社会，从劳动的异化到人的类本质的异化，最终导致创造资本主义生产关系的人与其所创造出来的社会力量形成对抗，这种对抗最终必然表现为道德的萎缩和异化。而中国式现代化为道德活动回归人的主体性提供了保障。一是中国式现代化为道德自我的成长创造物质和精神条件。中国式现代化坚持新发展理念，紧紧抓住高质量发展这一全面建设社会主义现代化国家的首要任务，在解放和发展生产力的过程中创造出比资本主义更高的物质财富，并通过社会主义的制度安排，最大限度地降低了社会财富集中到少数人手中的风险，为道德自我的

---

① 《马克思恩格斯选集》第 1 卷，人民出版社，2012，第 415 页。
② 《马克思恩格斯文集》第 8 卷，人民出版社，2009，第 51 页。
③ 陈先达：《处在夹缝中的哲学走向 21 世纪的马克思主义哲学》，北京师范大学出版社，2004，第 178 页。
④ 《马克思恩格斯文集》第 1 卷，人民出版社，2009，第 156 页。
⑤ 〔美〕赫伯特·马尔库塞：《单向度的人：发达工业社会意识形态研究》，刘继译，上海译文出版社，1989，第 2 页。

成长构建了公平正义的制度环境和社会环境。中国式现代化是物质文明和精神文明相协调的现代化，在物质生活与精神生活实现共同富裕的进程中，公平、正义、友善等社会主义价值原则也逐渐深入人心。二是中国式现代化推动道德自我的发展。中国式现代化的发展过程，是公民道德所要求的自主意识、效率意识、责任意识不断增强的过程，因此，中国式现代化进程本身就蕴含着道德实践的内容，是一种社会建设的方式。在此期间，社会成员在接受建设、提升发展技能、贡献社会的过程中，提升了对道德自我的主体地位及能动性的认知，增强了道德信念和道德意志，强化了道德自我评价和自我调节的能力。通过中国特色社会主义政治制度的构建、全过程人民民主的实施，中国式现代化赋予公民多元化的社会参与渠道，主体也因此获得了更为广阔的道德选择空间。空前的意志自由要求主体具备更高的道德自律水平，在参与现代化建设的过程中，人们道德选择和判断的能力、适应复杂道德情境的能力也相应得到提升，作为主体的道德理性得到极大发展。

以自主的人为价值起点，公民道德建设将自由、平等、公正、诚信、友善等价值原则贯穿于人的现代化进程中，帮助人们树立与现代化相适应的人格品质和价值取向，为现代化发展提供道德支持和伦理基石。一是公民道德建设增强主体自为的自律性。人成为主体本质上体现了世界属人的价值关系，而这种价值关系实现的基本条件是人具有独立自主性，能够以自我为依据行使自由意志。中国式现代化对人的解放赋予人真正的独立和自由，使人的主体性生成具备了依据和条件。人享有独立自主、自我决定的自由，就必然要为其产生的结果承担责任，因此自由与自律相伴而生。道德是主体自律的内在力量，相较于其他领域的自由，道德自由更具自主自律的特征。公民道德建设不仅涵盖道德规范的传承、道德实践的开展，更触及内心，激发主体自由自律意识，通过道德传承唤起社会成员的自律精神和自觉行动，使人成为能够自主进行道德判断和行为选择，并承担相应责任的主体意义上的人。二是公民道德建设提升主体自觉的能动性。能动性是人作为主体的根本特征，正是源于这一特点，人的实践活动才具有不断创新和持续发展的强大动力，而创新和发展的实践活动是中国式现代化的重要活动内容。公民道德建设促进人对社会责任与义务的认知，增强人改造世界的内在自觉，作为内在激励要素，推动人将德性外化为德行，促使主体的能动性转化为创新性的实践活动。三是公民道德建设发展主体自由的超越性。人的主体性的终极表现和最高形式是人的自由。自由是一种自觉和自为的状态，也是中国式现代化的核心价值之一。中国式现代化将人作为目的而非手段，体现了自由所具有的主体与客体统一、自觉与自为统一、真善美统一的特性。这决定了中国式现代化所追求的自由与超越性紧密相连：从历史过程来看，具有面向未来的开放性；从主体价值角度而言，具有超越感性必然、将人自身作为活动目的的特点。道德是最能体现自由性与超越性统一的人类精神活动，它将人们的活动置于可能的、应是的、理想的世界中加以审视，用超越实然的标准进行评价，在应然与实然、理想与现实的矛盾运动中推动主体向上向善发展。由此，自由在公民道德建设的超越过程中实现自身价值，而自由性使人成为真正自主活动的主体，推动着中国式现代化创造过程的持续发展。

二　中国式现代化进程中公民道德建设的实践基点

人唯有成为"真正的人"，才能够创造属人的真正历史。然而，人的主体性并非自然生成，而是人作为"现实的人"在实践过程中逐步形成的。"现实的人"这一观点，既是马克思历史唯物主义研究的出发点与归宿，也是人的一切历史活动的前提条件。所谓"现实的人"，指的是处于特定历史进程，并从事一定物质生产活动的人。在马克思主义诞生之前，旧哲学受"本体论"思维方式的束缚，习惯于以抽象的视角去理解人，对人的历史发展性视而不见。马克思主义则以实践的视野，站在历史唯物主义的高度，深入思考人的本质以及人的发展规律，指出实践总是在特定的社会关系中展开。"人的本质不是单个人所固有的抽象物，在其现实性上，它是一切社会关系的总和。"① 其中，"现实性"与旧哲学的"抽象性"形成鲜明对比，"总和"一词深刻揭示了人的社会关系具有整合性与互动性。社会历史的发展特性决定了社会关系的发展性，由社会关系所决定的人，在不同的历史时期也呈现出不同的面貌。"历史不过是追求着自己目的的人的活动而已"②，而马克思主义人学就是"关于现实的人及其历史发展的科学"③，实现了能动的人与受动的人、自然的人与社会的人、现实的人与历史的人、民族的人与世界的人的辩证统一。

从现实的人这一角度出发，马克思对道德的理解突破了旧唯物主义那种悬置、抽象的概念，指出道德形成于现实的物质生活实践，具有社会历史性。人所从事的物质生产活动，构成了人的实践规定性与历史规定性。"他们是什么样的，这同他们的生产是一致的——既和他们生产什么一致，又和他们怎样生产一致"④，由此"道德、宗教、形而上学和其他的意识形态，以及与它们相适应的意识形态便不再保留独立性的外观了"⑤。同人类的一切社会活动一样，道德受到特定的经济基础和历史条件的制约，是实践使人从一个"自然的人"成长为一个"道德的人"，道德也必然随着生产力与生产关系的矛盾运动而发展变化。在资本主义社会，人与物的主体地位发生颠倒，改变了人与世界的关系逻辑，劳动的异化导致了人与自己的劳动产品、人与自己的类本质以及人与人关系的异化，并由此引

① 《马克思恩格斯文集》第1卷，人民出版社，2009，第501页。
② 《马克思恩格斯文集》第1卷，人民出版社，2009，第295页。
③ 《马克思恩格斯选集》第4卷，人民出版社，2012，第247页。
④ 《马克思恩格斯文集》第1卷，人民出版社，2009，第520页。
⑤ 《马克思恩格斯文集》第1卷，人民出版社，2009，第73页。

发道德的异化。异化后的道德"与责任的原则和意志的德性相对立"①，呈现出诸多道德冲突。在人与人的关系方面，资本主义"一边是世袭的富有，另一边是世袭的贫困"②，陷入严重的两极分化；在人与社会的关系方面，个人本位的价值理念造成了个人主义的膨胀，追逐个人利益最大化成为一般规则，人的精神世界日益陷入狭隘和平面化；在人与自然的关系方面，人们不断追逐短期利益而造成的对自然界的过度攫取，破坏了人与自然的平衡和良性交换。资本主义制造的一系列"文明的粗暴"③，暴露了西方现代化的"反文明"面④，正如法国思想家埃德加·莫兰所言，西方世界"成功在物质上，失败在道德上"⑤。在马克思看来，道德问题的根本解决最终要依靠生产关系的根本变革。社会主义通过建立公有制，消除了道德冲突产生的根源，人的道德境界获得了极大提升。

在建设社会主义的历程中，经过不断的历史探索与发展，中国式现代化形成了基于"现实的人"的新公共空间，并在此基础上孕育出新型的公民道德。近代以来，具有前瞻性的思想家们对"公德"与"私德"的分野展开了反思。梁启超认为，"人人独善其身者谓之私德，人人相善其群者谓之公德"⑥，他敏锐地认识到传统与现代、东方与西方在道德领域存在的差异，并倡导通过公德建设来塑造新国民。20世纪70年代末开启的改革开放，拉开了建设中国特色社会主义的历史大幕。这是一场全新的社会再构运动，引发了前所未有的深刻道德变迁：一方面，社会的快速变迁要求人们依照新的时代标准去发展公民道德；另一方面，随着中国式现代化的推进，社会

---

① 〔德〕康德：《实践理性批判》，邓晓芒译，人民出版社，2003，第43页。
② 《马克思恩格斯选集》第4卷，人民出版社，2012，第336页。
③ 〔法〕埃德加·莫兰：《伦理》，于硕译，学林出版社，2017，第133页。
④ 陈曙光：《现代性文明的中国新形态》，《北京联合大学学报》（人文社会科学版）2022年第2期。
⑤ 〔法〕埃德加·莫兰：《伦理》，于硕译，学林出版社，2017，第120页。
⑥ 梁启超：《新民说》，商务印书馆，2016，第19页。

对公民道德的要求也在不断演变。在这一发展进程中，基于新的发展理念以及新的社会关系，在一种全新性质的公共空间中构建起了新的道德范式。新的公共空间既不同于中国传统社会的"公"领域，也有别于西方社会的"公共空间"。中国传统社会的"公"领域是专属于皇权和统治阶级的活动范围，"公"大多与"国"的统治者紧密相连，广大民众难以进入这一"公"领域。而西方社会的公共空间建立在个人主义的价值基点之上，生发于国家与社会的二元结构中，其结果是导致国家与社会的分离，以及各种社会力量之间的利益冲突。

中国式现代化在物质文明与精神文明协同推进的过程中，形成了日益广阔的公共空间。这一空间兼具物质性与精神性：作为物质空间，它是人们生产和生活的公共场域；作为精神空间，它是人们价值和道德的公共领域。这一公共空间发展的基础并非国家与社会之间的张力，而是人民共同体的有力推动。在社会主义公有制的经济基础之上，全体人民共同占有生产资料、共同参与社会生产、共同享受社会发展成果，形成了由人民主导、以集体主义为伦理基础的人民共同体。在人民共同体的现代化实践中，人民群众凸显出其历史主体的地位，而公民道德建设能够进一步增强他们的集体意识、利他意识、公平意识、爱国意识、友善意识等为他、为公的道德品质，一种群体的善得以不断扩展与延伸，形成了中国式现代化超越西方现代化的道德基础。

中国式现代化构建了社会和谐、公平、公正的基本伦理导向和实践指向。在这样的社会环境中，道德规范能够被人们广泛认可和践行，人们的道德学习和实践拥有了丰厚的土壤。

一是在人与人的关系方面，中国式现代化将实现全体人民共同富裕作为核心要义，在防止两极分化、促进社会公平正义方面取得了一系列历史性成就。以"人民共享改革和发展成果"解放了在西方现代化中被禁锢的人的公平需求，在此基础上，追求自由全面发展成为人们的自觉行动，为公民道德建设的顺利开展奠定了实践基础。二是在人与社会的关系方面，中国式现代化秉持开放发展、共享发展的理念，破解了西方现代化以局部利益和个人私利分割社会的困境。不仅人民共同体日益巩固和发展，而且在更高层次上推动了人类命运共同体的发展，以人类视野和世界格局促进了人的合作共赢式发展，为公民道德建设的顺利开展奠定了社会历史基础。三是在人与自然的关系方面，中国式现代化传承并发展了中国传统文化中人与自然和谐共生的生态理念，在绿色发展理念的引领下构建人与自然的生命共同体，消除了人与自然的紧张对立状态，推动了工业文明与生态文明的协同发展，构建了体现人类文明新形态的生态伦理。

同时，中国式现代化要实现有序运行，必然要求社会成员遵循体现社会共同利益和共同理想的道德准则，营造和谐稳定的社会环境以及诚实互信的社会氛围。公民道德建设促进现实的人在社会关系维度的发展，为中国式现代化提供持久的精神动力。一是调节功能。公民道德建设通过社会舆论、教育感化等方式发挥调节作用，深化人们对自身作为公民的义务和责任的认知，培育符合社会核心价值的善恶标准和是非观念，并以此指导日常行为，提升人们对公共事务的参与能力，强化人们相互依存、相互作用的合作属性。二是增长社会资本。公民道德建设有助于增长中国式现代化的社会资本。相对于物质资本与人力资本，社会资本是以某种社会结构为主体带来的社会增益，与历史文化、伦理传统、精神传承等紧密相关，具有不易转移、不易流动、不可模仿等特性，很难通过外部干预形成，需要形成增进社会资本的内生动力。中国式现代化伴随着传统社会资本向新社会资本转变的过程，更多的关系进入公共领域。公民道德建设是增长中国式现代化社会资本的主要途径之一，能够发挥社会成员"黏合剂"和"润滑剂"的作用，将个人融入相互信任的共同体中，推动互惠性社会关系的构建、社会共识的凝聚，增强社会成员之间的互信,降低社会运行的风险和成本,提高中国式现代化的运行效率。三是生态伦理建设。公民道德建设将生态伦理作为重要内容,有助于人们正确认识人与自然"生命共同体"的关系,明确人作为主体对自然应负的道德责任,塑造尊重自然、热爱自然的道德品格,在实践中催生对自然的情感寄托和审美体验,促进人的精神境界的自我超越。同时,人与自然的关系作为主客体的价值关系,蕴含着人与人的关系以及人与社会的关系,人始终是作为社会关系中的人与自然相对。公民道德建设通过调整社会关系间接影响人与自然的关系,推动人与世界关系的整体和谐。

三 中国式现代化进程中公民道德建设的目标指向

人的自由全面发展,是理解人的现代化的关键所在,也是马克思主义的终极价值追求,深刻彰显了马克思主义对人的深切关怀与深邃思考。"现实的人"在进行物质资料生产的同时,也在实现自身的生产,所以社会发展的历史,同样是一部人的发展史。马克思把人的发展划分为三个历史阶段。在第一个历史阶段,即人的依赖关系阶段,以及第二个历史阶段,也就是物的依赖关系阶段,人的劳动是为维持生存而被迫开展的,人生活在"必然王国"之中,始终遭受着被外在力量奴役的不合理境遇。只有步入第三个阶段,即共产主义阶段,人才逐步消除压迫自身的异化本质,劳动不再是奴役的手段,而是转变为互利合作的方式,成为全面发展自身才能的途径。此时,较为普遍且全面的社会关系和个人能力得以逐渐形成,实现"在保证社会劳动生产力极高度发展的同时又保证每个生产者个人最全面的发展"①。人在充分认识自然与社会发展的必然性后,成为自己的主人,迈进"自由王国"的领域。

人的自由全面发展并非单纯的理论问题,而是一个实践问题,

① 《马克思恩格斯文集》第3卷,人民出版社,2009,第466页。

关键在于如何具备实现它的条件。中国式现代化以实现共产主义为最高理想，内在地蕴含着促进人的自由全面发展的要求。当然，在社会主义初级阶段，人的自由全面发展不可能彻底达成，中国式现代化体现为人的自由全面发展的持续推进和历史运动进程，并从三个伦理维度构建起人的自由全面发展在社会主义初级阶段的实现形式。一是物的发展与人的发展的伦理统一。生产力的高度发达，是人的自由全面发展的先决条件。人必须持续发展生产力，创造新的历史条件，才能在历史发展进程中逐步消除偶然性，实现对自身的超越。西方现代化一方面创造出更为丰富的物质生产资料，推动了社会生产力的发展；另一方面却使人沦为资本的傀儡，人只能以畸形、片面、被动的形态存在，根本谈不上真正的自由与发展。唯有在社会生产力成为社会财富、人完全摆脱对人的依赖关系以及对物的依赖关系的社会中，人的自由全面发展才能够实现。中国式现代化建立在公有制的经济基础之上，现代化所创造的物质财富和精神财富成为人民的共同财富，具备推动社会生产力持续快速发展的显著优势，改革开放以来中国的高速发展便是有力的证明。在中国式现代化进程中，旧式分工和异化劳动逐渐走向瓦解，劳动逐步成为社会合作的手段，社会财富不再源于劳动的消耗，而是来自人民共同体中个人素质的全面提升。人自身的发展构成了中国式现代化持续发展的基础，成为社会发展的最大资源和推动社会生产力发展的强大动力。二是个人发展与社会发展的伦理统一。人的自由全面发展，是所有人的发展，而非一部分人的发展。在资本主义社会，自由仅存在于资产阶级内部，只能推动少数人、某些方面的发展，而占社会大多数的无产阶级则陷入物质和精神的双重贫困。他们仅能获取维持劳动力再生产的最低水平的生活资料，如同机器的附件一般机械地参与生产，日复一日承受着精神的摧残，丧失人的尊严和价值。社会主义的优越性，不仅体现在创造更多的物质财富和精神财富上，更体现在这些财富能够为最广大人民谋福祉。中国式现代化以实现全体人民共同富裕为重要内容，能够将全体社会成员的发展与个人发展相统一，社会发展不再以牺牲一部分人的发展为代价，充分彰显了社会主义公平正义的伦理原则。共同富裕不仅涵盖促进人的物质生活发展的内涵，还包含提升人的精神生活品质的内涵，在此基础上平衡社会各方利益关系，妥善处理人民内部矛盾，保障人的需要、能力、社会关系、个性等方面的全面发展。三是自身发展与全人类共同发展的伦理统一。人的自由全面发展在人类社会生活中的体现，就是构建超越国家的"真正的共同体"[①]"自由人联合体"[②]。西方现代化所伴生的经济全球化，本质上是资本、商品、市场在全球范围内的重新配置，依旧遵循资本逻辑，服务于西方资本主义发展的需求，因而无法实现世界的共同发展，反而进一步拉大了发达国家与发展中国家的发展差距，"它使未开化和半开化的国家从属于文明的国家，使农民的民族从属于资产阶级的民族，使东方从属于西方"[③]，在世界范围内引发了不公平、不平衡与不合理的伦理冲突。在当前世界经济全球化、政治多极化的趋势下，地区冲突、民族矛盾、恐怖主义等问题仍然困扰着世界的发展。中国式现代化摒弃了西方在国际关系中的零和博弈、冷战思维，致力于打破西方霸权主义、竞争对抗的国际秩序，避免世界陷入大国博弈的"修昔底德陷阱"，在谋求自身发展的同时，推进构建合作共赢的人类命运共同体。人类命运共同体理念既扎根于中华民族"天下大同""美美与共"的价值传统，又源于马克思主义对人类社会"真正的共同体"的伟大构想，在正确的国家观、民族观、全球观、义利观的指引下，以合作共赢作为新型国际关系的价值基础，倡导在尊重各国人民发展诉求的基础上，实现世界人民共同发展的美好愿景。

---

① 《马克思恩格斯文集》第 1 卷，人民出版社，2009，第 571 页。
② 《马克思恩格斯文集》第 2 卷，人民出版社，2009，第 53 页。
③ 《马克思恩格斯文集》第 2 卷，人民出版社，2009，第 36 页。

中国式现代化超越了西方现代化的单一逻辑，将物质文明与精神文明协调发展作为现代化的重要内容，为培育自由全面发展的社会主义新人开辟了道路。思想道德素质的提升是精神文明建设的重要内容，公民道德建设作为社会主义精神文明建设的重要组成部分，被纳入中国式现代化的发展进程。人的自由全面发展问题，同样是公民道德建设的核心问题。道德作为一种精神资源，不仅能够在推动人的自由全面发展中发挥重要作用，而且良好的道德品质、高尚的道德人格本身就是人的自由全面发展的重要内涵，道德境界的提升是人的发展的重要标志。一是公民道德建设指向人的自我完善与自我发展。中国式现代化作为后发型现代化，要避免陷入依附西方的被动地位，就必须增强发展的内源动力。道德体现着人自我完善与自我发展的追求，能够对人发挥促进和激励功能。人的道德需要是精神生活需要的重要组成部分，中国式现代化要达到由精神生活指引物质生活的自觉自为阶段，就需要在精神生活中发挥道德的作用，使人们的行为合乎德行、精神合乎德性。正是在处理人与人关系的道德实践中，人体验到自身的主体地位、本质力量与社会需求，萌生出对人类美好生活的向往和期待，强化了自我发展的动力和愿望。道德还能对人发挥约束作用。道德生活有别于其他精神生活，它不是用于娱乐、享受的，而是用于审视、批判的。人们通过道德自律克服阻碍自由全面发展的利己主义、拜金主义、享乐主义等不良倾向，培养具有独立人格并承担社会责任的精神品质。公民道德建设着眼于社会共同利益、长远利益及共同规范，通过充分肯定善的价值来协调社会关系，增强人们对社会主义核心价值观的认同，推动中国式现代化的共识凝聚。二是公民道德建设指向人的思想观念的现代化。人的现代化，就人的个体性存在而言，是人的各方面素质与现代化发展要求相适应的过程，体现为人的素质的现代化；就人的社会性存在而言，是人对现代社会的一般规范、价值和文化的体认和应用过程，体现为人的思想观念的现代化。道德品质是人的素质的重要组成部分，道德观是人的思想观念系统中的基础部分，因此，无论从个体性存在层面，还是从社会性存在层面来看，道德发展都是人的现代化的核心内容。现代化观念包含正确的义利观、发展观、自然观、社会观等丰富内容，每一种观念都蕴含着人们对自身与他者关系的道德反思，受到道德价值观的影响和制约。马克思主义认为，包括道德观在内的人类观念只有经过实践，才能对现实世界产生真正的影响。公民道德建设是以改造人的思想观念为目标的实践活动之一，能够塑造符合现代化发展要求的道德之"知"，推动由"道德之知"到"道德之行"的转变，发挥对现实的超越性引领作用。三是公民道德建设指向人格的完善。人格是"个人做人的尊严、价值和品质的总和"①，内在地包含了人的思想品质、道德境界、情操格调等诸多心理特征。健全的人格是人获得发展的基础性条件。塑造社会成员的道德人格是公民道德建设的重要内容。在社会主义生产方式下，人们的社会意识摆脱了对外界的一切依附，道德人格的完善具备了自由意志的基础。在现代化发展过程中，必然会产生诸多风险挑战、矛盾冲突、利益诱惑，对人们的道德意识、价值观念产生冲击，导致一些人出现人格扭曲。中国式现代化克服了西方现代化"见物不见人"的弊端，在物质文明与精神文明的同步发展中促进人格的完善。在中国式现代化进程中，公民道德真正成为知行合一的实践活动，人们在将道德规范转化为内心信仰的建设过程中磨炼意志、增长才能、完善人格。四是公民道德建设指向精神生活共同富裕的美好愿景。中国式现代化将精神生活共同富裕作为重要目标，体现了立足人的现代化的价值旨趣。精神生活的富裕状态，不仅包括精神生活途径和方式的极大丰富，还包括精神生活质量的极大提升。真善美的事物能够增进人们的精神愉悦和情感共鸣，公民道德建设的基本内容就是通过弘扬真善美、抨击假恶丑

① 田秀云：《社会道德与个体道德》，人民出版社，2004，第382页。

来提升公民的道德境界，促使人们将更道德的生活作为一种精神追求，自觉地提升德性和德行，使人在权利意识与自律意识、法治意识与公共意识、专业能力与健全人格方面获得全面发展，塑造一个符合现代化发展要求的完整、立体、生动的人。

结论及余论

网络命运共同体

——网络治理的未来面向

以群体共生的网络生态为基础构建网络命运共同体，是未来网络治理的应然指向。共生效应（Symbiotic Effect）原是生物学现象，指多种生物共存且相互促进的效应。不仅生物界众多物种间存在共生关系，在社会运行中，个人与他人、个人与社会之间同样存在相互影响、相互促进的共生关系。生活在社会中的个体，既享受着社会发展带来的资源与成果，也是社会发展的积极推动者，这便是个体与社会之间良性共生的体现。

网络社会达到了前所未有的集聚度，然而其圈层化互动本质上不利于合作共生网络关系的构建。打破群体隔阂的壁垒，使群体与群体之间从冲突、对抗转变为合作、启发，形成正向激发作用与良性集聚作用，是网络共生效应的未来指向。在共生网络生态下，获得与付出、自我尊严与尊重他人、群体利益诉求与社会整体利益并非此消彼长，而是相辅相成。人们在网络的发展中受益，同时也是网络发展的参与者、推动者与奉献者。群体关系契合共生效应的一般过程，即从共同进化到共同适应直至共同发展。如此，网络发展的总能量并非个体能量的简单相加或此消彼长，而是相互叠加产生的能量质变。

　　人类社会的共生方式与自然界差异显著。在自然界中，不同生物体之间除共生关系外，还存在生存竞争关系，二者共同构成生物体之间的相互联结，故而自然界的共生是原始的、无意识的。而人类社会能够主动构建共生体制与共生系统，形成分工与合作，所以人类社会的共生关系是高级的、能动的。在人类社会生活的整体系统中，无论何种类型和层级的共生系统，都需维持一定的秩序状态，否则便会出现冲突与混乱，甚至导致共同生活的瓦解。构建网络治理共同体，就是实现网络群体共生效应的重要途径。

　　随着互联网对日常生活的渗透越发深入，网络共同生活在人们社会生活中所占比重日益增大。网络场域具有天然的集合性、共享性，是一个空前开放的公共空间，为促进群体共生提供了更为优越的条件。正因为网络的力量如此强大，网络生活更需要理性，失去理性的网络也就失去了真正的自由。绝不能让网络在现实秩序之外，建立起一种崇拜非理性暴力的规则。

　　网络治理就是对网络共同生活秩序、过程等进行规约与调节的过程。若将网络社会视作人们以网络为实践场域的生活总体，那么网络治理共同体就是以网络社会治理为目标，形成的网上网下协同、多元主体协同、多种路径并行的治理总体。其目的在于协调网络主体关系、化解网络矛盾冲突、维护网络运行秩序，其对象指向从事网络活动的人，是走向网络群体共生、良序善治的必经之路。网络治理的对象同时也是网络治理共同体的主体，体现了责任与义务的统一。

　　网络场域的特点决定了网络中任何主体都不具有绝对的支配权，只有作为共同体存在，才能保证治理的效果。实质上，多元主体在网络场域已然现实存在，并且以多种方式展开话语权力的博弈。个体网民通过结成群体来增强话语影响力，然而这种话语力量并不总是理性、积极的。这就需要在网络治理共同体的构建中，强化政府的主导力、媒体的引领力以及网民群体的自我规约力，形成共同体成员之间的力量平衡。

与传统社会管理相比，网络社会治理从治理内容到治理方式都更为复杂。随着现代社会从熟人社会步入陌生人社会，个体的自主意识日益增强，传统社会以熟人关系建立起来的共同体趋向瓦解，人们的关系越发疏离。海德格尔认为，这种"现代性风险"需通过建立"共同体"来获得救赎。要正确理解共同体，首先要厘清"共同"的意义所指。它并非指"同一性"与"统一性"，而是在尊重差异基础上的"共属"。

构建网络治理共同体，并非要消除网络的开放性、多样性、连接性，而是要克服封闭性、促进开放性，克服单一性、促进多样性，克服孤立性、促进协同性。不能将网络治理共同体理解为简单划一，更不能在网络治理中陷入僵化、死板的传统管理误区。网络共同体生活应当是以自觉自愿的方式组织的，既有秩序又充满活力，开放多元且相互尊重，充分体现对不同主体的包容性，既能防范化解网络各种风险，又能保护网民参与的积极性与主动性。

另外，网络社会的各种"病根"往往源于现实社会，从某种意义上说，从来没有单纯的网络生活，只有现实生活的网络化演绎。对网络群体互动中出现的偏差进行"医治"，不能陷入治标不治本的怪圈。这需要政府主体、网络媒体和网民个体等网络活动主体共同承担责任、发挥作用，将法律和行政监管、网络主体自我约束与相互制衡相结合，构建具有整体性、综合性、引领性的治理机制，增强维护网络共同体生活的内在自觉，强化维护网络共同体生活的外在行动，推动网络空间真正成为人类共生、共享、共在、共荣的命运共同体。

参考文献

一　重要文献

《马克思恩格斯选集》1~4卷，人民出版社，2012。

《习近平谈治国理政》，外文出版社，2014。

《习近平谈治国理政》第2卷，外文出版社，2017。

《习近平谈治国理政》第3卷，外文出版社，2020。

《习近平谈治国理政》第4卷，外文出版社，2022。

《习近平新时代中国特色社会主义思想三十讲》，学习出版社，2018。

《习近平新时代中国特色社会主义思想学习纲要》，学习出版社、人民出版社，2019。

习近平：《决胜全面建成小康社会 夺取新时代中国特色社会主义伟大胜利——在中国共产党第十九次全国代表大会上的报告》，人民出版社，2017。

习近平：《在庆祝中国共产党成立100周年大会上的讲话》，人民出版社，2021。

习近平：《高举中国特色社会主义伟大旗帜 为全面建设社会主义现代化国家而团结奋斗——在中国共产党第二十次全国代表大会上的报告》，人民出版社，2022。

二 译著

〔古希腊〕亚里士多德:《政治学》,吴寿彭译,商务印书馆,1998。

〔德〕康德:《历史理性批判文集》,何兆武译,商务印书馆,1996。

〔德〕尤尔根·哈贝马斯:《交往行为理论》第 1 卷,曹卫东译,上
海人民出版社,2004。

〔德〕尤尔根·哈贝马斯:《交往与社会进化》,张博树译,重庆出版
社,1989。

〔法〕古斯塔夫·勒庞:《乌合之众——大众心理研究》,冯克利译,
中央编译出版社,2005。

〔美〕凯斯·R.桑斯坦:《网络共和国——网络社会中的民主问题》,
黄维明译,上海人民出版社,2003。

〔美〕凯斯·R.桑斯坦:《极端的人群:群体行为的心理学》,尹宏
毅、郭彬彬译,新华出版社,2010。

〔美〕凯斯·R.桑斯坦:《信息乌托邦:众人如何生产知识》,毕竞
悦译,法律出版社,2008。

〔英〕曼纽尔·卡斯特:《网络社会的崛起》,夏铸九译,社会科学
文献出版社,2006。

〔法〕塞奇·莫斯科维奇:《群氓的时代》,许列民、薛丹云、李继
红译,江苏人民出版社,2003。

〔德〕弗洛姆:《健全的社会》,孙恺详译,贵州人民出版社,1994。

〔美〕罗兰·罗伯逊:《全球化:社会理论和全球文化》,梁光严译,
上海人民出版社,2000。

〔美〕尼葛洛庞帝:《数字化生存》(第三版),胡泳、范海燕译,海
南出版社,1997。

〔美〕帕特里夏·华莱士:《互联网心理学》,谢影、苟建新译,中
国轻工业出版社,2001。

〔德〕哈特穆特·罗萨:《新异化的诞生:社会加速批判理论大纲》,

郑作彧译，上海人民出版社，2018。

〔英〕安东尼·吉登斯、菲利普·萨顿：《社会学基本概念》，王修晓译，北京大学出版社，2019。

〔英〕安东尼·吉登斯：《社会的构成》，李康等译，生活·读书·新知三联书店，1998。

〔英〕安东尼·吉登斯：《现代性的后果》，田禾译，译林出版社，2000。

〔英〕安东尼·吉登斯：《失控的世界》，周红云译，江西人民出版社，2001。

〔美〕沃尔特·李普曼：《公众舆论》，阎克文、江红译，上海人民出版社，2006。

〔美〕马克·波斯特：《信息方式：后结构主义与社会语境》，范静晔译，商务印书馆，2000。

〔美〕雪利·特克：《虚拟化身：网络时代的身份认同》，谭天、吴佳真译，台湾远流出版公司，1998。

〔德〕斐迪南·滕尼斯：《共同体与社会》，张巍卓译，商务印书馆，2019。

〔美〕杰克·普拉诺：《政治学分析辞典》，胡杰译，中国社会科学出版社，1986。

〔美〕罗杰·菲德勒：《媒介形态变化》，明安香译，华夏出版社，2000。

〔英〕鲍曼：《个体化社会》，范祥涛译，上海三联书店，2002。

〔美〕理查德·桑内特：《公共人的衰落》，李继宏译，上海译文出版社，2008。

〔加拿大〕麦克卢汉：《理解媒介：论人的延伸》，何道宽译，商务印书馆，2000。

〔法〕布尔迪厄：《实践与反思——反思社会学导引》，李猛、李康译，中央编译出版社，2004。

〔加拿大〕德克霍夫:《文化肌肤:真实社会的电子克隆》,汪冰译,河北大学出版社,1998。

〔美〕马克·波斯特:《信息方式——后结构主义与社会语境》,范静哗译,商务印书馆,2000。

〔美〕麦克尔·沙利文·特雷纳:《信息高速公路透视》,程时端等译,科学技术文献出版社,1995。

〔德〕伊丽莎白·诺尔-诺依曼:《沉默的螺旋:舆论——我们的社会皮肤》,董璐译,北京大学出版社,2013。

〔以色列〕艾森斯塔特:《现代化:抗拒与变迁》,陈育国、张旅平译,中国人民大学出版社,1988。

〔美〕萨缪尔·亨廷顿:《变化中的政治秩序》,王冠华等译,生活·读书·新知三联书店,1989。

〔日〕尾关周二:《共生的理想:现代交往与共生、共同的思想》,卞崇道译,中央编译出版社,1996。

〔美〕戴维·波普诺:《社会学》(第十版),李强译,中国人民大学出版社,1999。

〔美〕马克斯韦尔·麦库姆斯:《议程设置:大众媒介与舆论》,郭镇之、徐培喜译,北京大学出版社,2018。

〔美〕埃利诺、杰勒德:《对话:变革之道》,郭少文译,教育科学出版社,2006。

〔德〕舍勒:《价值的颠覆》,罗悌伦等译,生活·读书·新知三联书店,1997。

〔美〕E.博登海默:《法理学:法律哲学和法律方法》,邓正来译,中国政法大学出版社,1999。

〔英〕维克托·迈尔·舍恩伯格、肯尼思·库克耶:《大数据时代:生活、工作与思维的大变革》,盛杨燕、周涛译,浙江人民出版社,2013。

〔美〕艾伯特·拉斯洛·巴拉巴西:《爆发:大数据时代预见未来的

新思维（经典版）》，马慧译，北京联合出版公司，2017。

〔荷〕简·梵·迪克：《网络社会》，蔡静译，清华大学出版社，2020。

〔以色列〕尤瓦尔·赫拉利：《未来简史：从智人到神人》，林俊宏译，中信出版社，2017。

〔德〕乌尔里希·贝克：《风险社会》，何博闻译，译林出版社，2004。

〔美〕沃尔特·李普曼：《舆论学》，林珊译，华夏出版社，1989。

〔美〕西奥多·M. 米尔斯：《小群体社会学》，温凤龙译，云南人民出版社，1988。

〔美〕布赖恩·琼斯：《美国政治中的议程与不稳定性》，曹堂哲、文雅译，北京大学出版社，2011。

〔美〕唐纳德·坦嫩鲍姆、戴维·舒尔茨：《观念的发明者》，叶颖译，北京大学出版社，2008。

〔美〕丹尼尔·贝尔：《后工业社会的来临：对社会预测的一项探索》，高铦等译，新华出版社，1997。

〔英〕洛克：《政府论（下篇）》，叶启芳、翟菊农译，商务印书馆，1964。

〔古罗马〕西塞罗：《西塞罗文集（政治学卷）》，王焕生译，中央编译出版社，2010。

〔美〕马克·斯劳卡：《大冲突：赛博空间和高科技对现实的威胁》，黄锫坚译，江西教育出版社，1999。

〔美〕约翰·布洛克曼：《未来英雄》，汪仲等译，海南出版社，1998。

〔英〕诺顿：《互联网：从神话到现实》，朱萍等译，江苏人民出版社，2000。

三　中文著作

昝玉林：《网络群体研究》，人民出版社，2014。

宋元林：《网络思想政治教育》，人民出版社，2012。

严耕、陆俊、孙伟平：《网络伦理》，北京出版社，1998。

黄少华、翟本瑞：《网络社会学——学科定位与议题》，中国社会科学出版社，2006。

赵兴宏：《网络伦理学概要》，东北大学出版社，2008。

何明升：《叩开网络化生存之门》，中国社会科学出版社，2005。

戴永明：《传播法规与伦理》，上海交通大学出版社，2009。

严峰：《网络群体性事件与公共安全》，上海三联书店，2012。

王爱玲：《中国网络媒介的主流意识形态建设研究》，人民出版社，2014。

陆学艺：《当代中国社会流动》，社会科学文献出版社，2004。

侯东阳：《舆论传播学教程》，暨南大学出版社，2009。

李伦：《网络传播伦理》，湖南师范大学出版社，2007。

童星：《中国社会治理》，中国人民大学出版社，2018。

朱虹：《社会心理学》，东南大学出版社，2005。

熊澄宇：《信息社会4.0》，湖南人民出版社，2002。

彭兰：《网络传播概论》，中国人民大学出版社，2001。

刘文富：《网络政治——网络社会与国家治理》，商务印书馆，2004。

雷跃捷、辛欣：《网络传播概论》，中国传媒大学出版社，2010。

刘毅：《网络舆情研究概论》，天津人民出版社，2007。

周晓虹：《现代社会心理学》，上海人民出版社，1997。

胡正荣、戴元光：《新媒体与当代中国社会》，上海交通大学出版社，2012。

戴元光、金冠军：《传播学通论》，上海交通大学出版社，2000。

丁迈：《典型报道的受众心理实证研究》，中国传媒大学出版社，2008。

丁柏铨：《新闻理论新探》，新华出版社，1999。

罗昕：《网络新闻实务》，北京大学出版社，2014。

李怀亮：《新媒体：竞合与共赢》，中国传媒大学出版社，2009。

彭兰：《中国新媒体传播研究前沿》，中国人民大学出版社，2010。

王锡锌：《公众参与和行政过程——一个概念和制度分析的框架》，

中国民主法制出版社，2007。

常晋芳：《网络哲学引论》，广东人民出版社，2005。

田中阳：《传播学基础》，岳麓书社，2009。

段鹏：《传播效果研究：起源、发展与应用》，中国传媒大学出版社，2008。

李彬：《传播学引论》，新华出版社，1993。

杜骏飞：《网络传播概论》，福建人民出版社，2010。

安云初：《当代中国网络舆情研究：以政治参与为视角》，湖南师范大学出版社，2014。

蔡定剑：《公众参与：风险社会的制度建设》，法律出版社，2009。

赵鼎新：《社会与政治运动讲义》，社会科学文献出版社，2006。

林景新：《网络危机管理》，暨南大学出版社，2009。

曾国屏：《赛博空间的哲学探索》，清华大学出版社，2002。

崔子修：《网络空间的哲学维度》，中国财富出版社，2019。

刘永华：《互联网与网络文化》，中国铁道出版社，2014。

李素霞：《交往手段革命与交往方式革命》，人民出版社，2005。

方兴东、王俊秀：《博客——E 时代的盗火者》，中国方正出版社，2003。

胡百精：《危机传播管理——流派、范式与路径》，中国人民大学出版社，2009。

居延安：《公共关系学（第四版）》，复旦大学出版社，2010。

吴敬琏、郑永年、亨利·基辛格：《影子里的中国》，江苏文艺出版社，2013。

江万秀：《社会转型与伦理道德建设》，新星出版社，2015。

胡百精：《公共关系学》（第二版），中国人民大学出版社，2018。

唐芳贵：《网络群体性事件的心理学研究》，中南大学出版社，2014。

常松：《微信舆情分析与研判》，社会科学文献出版社，2014。

朱春阳：《新媒体时代的政府公共传播》，复旦大学出版社，2014。

殷竹钧：《网络社会综合防控体系研究》，中国法制出版社，2017。

刘京林：《传播中的心理效应解析》，中国传媒大学出版社，2009。

曾峻、梅丽红：《中国共产党与当代中国民主》，上海人民出版社，2004。

吴靖：《文化现代性的视觉表达：观看、凝视与对视》，北京大学出版社，2012。

曾耀农：《现代传播美学》，清华大学出版社，2008。

李培林等：《社会冲突与阶级意识》，社会科学文献出版社，2005。

刘明：《社会舆论原理》，华夏出版社，2002。

邹吉忠：《自由与秩序——制度价值研究》，北京师范大学出版社，2003。

吴靖：《文化现代性的视觉表达：观看、凝视和对视》，北京大学出版社，2012。

刘海龙：《大众传播理论：范式与流派》，中国人民大学出版社，2008。

李良荣：《新闻学概论（第七版）》，复旦大学出版社，2020。

李良荣、方师师：《网络空间导论》，复旦大学出版社，2018。

骆正林：《媒体舆论与企业公关》，新华出版社，2005。

陈先红：《中国公共关系学》（上），中国传媒大学出版社，2018。

李道平：《公共关系学》，经济科学出版社，2000。

陈世华：《北美传播政治经济学研究》，社会科学文献出版社，2017。

胡凯：《网络思想政治教育心理研究》，中南大学出版社，2016。

姜希：《网络文化与道德教育》，四川人民出版社，2005。

王渊：《基于科技伦理视角的大学生网络道德教育研究》，中国地质大学出版社，2017。

刘旭升、贾楠：《高校网络道德教育研究》，新华出版社，2014。

赵盈：《道德习养、破土与新生：网络环境下大学生道德发展研究》，同济大学出版社，2017。

朱力：《转型期中国社会问题与化解》，中国社会科学出版社，2012。

燕道成：《群体性事件中的网络舆情研究》，新华出版社，2013。

戚万学：《道德教育新视野》，山东教育出版社，2004。

苏振芳：《网络文化研究：互联网与青年社会化》，社会科学文献出版社，2007。

范宝丹：《论马克思交往理论及其当代意义》，社会科学文献出版社，2005。

汪新建：《社会心理学概论》，天津人民出版社，1988。

胡东芳、孙军业：《困惑及其超越》，福建教育出版社，2001。

刘念：《启动、爆发与消退：网络舆情中的情绪周期》，首都经济贸易大学出版社，2023。

崔保国：《信息社会的理论与模式》，高等教育出版社，1999。

张春华：《网络舆情社会学阐释》，社会科学文献出版社，2012。

冯务中：《网络环境下的虚实和谐》，清华大学出版社，2008。

郭良：《网络创世纪：从阿帕网到互联网》，中国人民大学出版社，1998。

党生翠：《网络舆论蝴蝶效应研究——从"微内容"到舆论风暴》，中国人民大学出版社，2013。

崔蕴芳：《网络舆论形成机制研究》，中国传媒大学出版社，2012。

张蕊：《中国网络经济发展理论与实证研究》，西南财经大学出版社，2010。

郭彦森：《变革时代的利益矛盾与社会和谐》，知识产权出版社，2008。

彭劲松：《当代中国利益关系分析》，人民出版社，2007。

朱力：《转型中国社会问题与化解》，中国社会科学出版社，2012。

陆学艺：《当代中国社会结构》，社会科学文献出版社，2010。

杨继绳：《中国当代社会阶层分析》，江西高校出版社，2013。

萧公权：《中国政治思想史》，新星出版社，2005。

卢斌：《当代中国各社会利益群体分析》，中国经济出版社，2006。

罗坤瑾：《从虚拟幻象到现实图景——网络舆论与公共领域的构建》，中国社会科学出版社，2012。

陈华：《文化自觉之路——网络社会治理的实践与思考》，人民出版社，2014。

徐海波：《中国社会转型与意识形态问题》，中国社会科学出版社，2003。

韩运荣、喻国明：《舆论学原理、方法与应用》，中国传媒大学出版社，2005。

曾长秋、薄明华：《网络德育学》，湖南科学技术出版社，2005。

吴克明：《网络文明教育论》，湖南师范大学出版社，2005。

张耀灿等：《现代思想政治教育学》，人民出版社，2006。

朱银端：《网络道德教育》，社会科学文献出版社，2007。

刘毅：《网络舆情研究概论》，天津人民出版社，2007。

李一：《网络行为失范》，社会科学文献出版社，2007。

高德胜：《道德教育的时代遭遇》，教育科学出版社，2008。

黄少华：《网络空间的社会行为——青少年网络行为研究》，人民出版社，2008。

叶皓：《突发事件的舆论引导》，江苏人民出版社，2009。

喻国明：《中国社会舆情年度报告》，人民日报出版社，2010。

王国华、曾润喜、方付建：《解码网络舆情》，华中科技大学出版社，2011。

张春华：《网络舆情：社会学的阐释》，社会科学文献出版社，2012。

吕本修：《网络道德问题研究》，中国社会科学出版社，2012。

燕道成：《群体性事件中网络舆情研究》，新华出版社，2013。

杨兴坤：《网络舆情研判与应对》，中国传媒大学出版社，2013。

马向真：《当代中国社会心态与道德生活状况研究报告》，中国社会科学出版社，2015。

张元：《大学生网络道德教育问题研究》，吉林人民出版社，2016。

刘怀先：《网络交往与大学生道德修养研究》，中国社会科学出版社，2017。

黄河：《网络虚拟社会与伦理道德研究：基于大学生群体的调查》，

科学出版社，2017。

郑永廷：《思想政治教育方法论》，高等教育出版社，2018。

徐仲伟：《网络社会公德建设研究》，中国人民大学出版社，2018。

耿连娜：《新时代大学生网络行为失范问题研究》，中国商业出版社，2020。

潘红霞、江志明：《青年学生网络道德失范行为及纠偏》，中国社会科学出版社，2020。

韩振峰：《新时代高校思想政治教育及思想政治理论课教学研究》，中央编译出版社，2021。

金飞：《马克思主义新闻观与中国网络舆情管理研究》，经济科学出版社，2022。

四　期刊论文

郑永廷：《论现代社会的社会动员》，《山东大学学报》（社会科学版）2000 年第 2 期。

甘泉、骆郁廷：《社会动员的本质探析》，《学术探索》2011 年第 12 期。

樊浩：《中国社会价值共识的意识形态期待》，《中国社会科学》2014 年第 7 期。

许川川、王永贵：《新时代网络舆情治理现代化的哲学方法论》，《中国矿业大学学报》（社会科学版）2022 年第 3 期。

颜菲：《以"四个治理"构建网络舆情治理体系的探讨》，《教学与研究》2023 年第 5 期。

弯美娜等：《集群行为：界定、心理机制与行为测量》，《心理科学进展》2011 年第 5 期。

陈宝剑：《社会空间视角下的互联网与青年价值观塑造：影响机制与引导策略》，《北京大学学报》2020 年第 2 期。

陈颀、吴毅：《群体性事件的情感逻辑：以 DH 事件为核心案例及其延伸分析》，《社会》2014 年第 1 期。

刘康：《"去中心化—再中心化"传播环境下主流意识形态话语权面临的双重困境及建构路径》，《中国青年研究》2019 年第 5 期。

周建青：《"网络空间命运共同体"的困境与路径探析》，《中国行政管理》2018 年第 9 期。

隋岩：《群体传播时代：信息生产方式的变革与影响》，《中国社会科学》2018 年第 11 期。

胡象明：《重大社会风险的形成机理与传导机制》，《国家治理》2020 年第 3 期。

龚维斌：《当代中国社会风险的产生、演变及其特点——以抗击新冠肺炎疫情为例》，《中国特色社会主义研究》2020 年第 1 期。

马广海：《论社会心态：概念辨析及其操作化》，《社会科学》2008 年第 10 期。

金兼斌：《网络舆论调查的方法和策略》，《河南社会科学》2007 年第 4 期。

孙德忠：《重视开展社会记忆问题研究》，《哲学动态》2003 年第 3 期。

吴冠军：《健康码、数字人与余数生命——技术政治学与生命政治学的反思》，《探索与争鸣》2020 年第 9 期。

赵丽涛：《我国主流意识形态网络话语权研究》，《马克思主义研究》2017 年第 5 期。

申楠：《算法时代的信息茧房与信息公平》，《西安交通大学学报》（社会科学版）2020 年第 2 期。

周感华：《群体性事件心理动因和心理机制探析》，《北京行政学院学报》2011 年第 6 期。

徐蓓蕾：《网络意见领袖在社会舆论中的作用机制》，《新闻传播》2017 年第 8 期。

邓新民：《网络舆论与网络舆论的引导》，《探索》2003 年第 5 期。

纪红、马小洁：《论网络舆情的搜集、分析和引导》，《华中科技大学学报》（社会科学版）2007 年第 6 期。

王来华：《论网络舆情与舆论的转换及其影响》，《天津社会科学》2008
　　年第 4 期。

贾新奇、张佰明：《网络伦理舆情：认识与塑造社会道德的一个枢
　　纽——兼谈网络伦理舆情研究的前景》，《当代中国价值观研究》
　　2017 年第 2 期。

王晰巍等：《社交媒体环境下的网络舆情国内外发展动态及趋势研
　　究》，《情报资料工作》2017 年第 4 期。

唐凯麟、李诗悦：《突发事件网络舆情的伦理困境与秩序重建》，
　　《湘潭大学学报》（哲学社会科学版）2017 年第 6 期。

姜珂：《伦理学视域中突发公共卫生事件的网络舆情问题》，《伦理学
　　研究》2020 年第 4 期。

潘建红、杨利利：《责任伦理与大数据语境下网络舆情治理》，《自
　　然辩证法研究》2020 年第 1 期。

曹元：《基于德法共治的网络空间治理研究》，《情报科学》2020 年
　　第 2 期。

张子荣：《突发公共事件网络舆情的形成机制及应对策略》，《思想理
　　论教育导刊》2021 年第 5 期。

五　外文著作及期刊论文

Festinger L，"A theory of social comparison processes"，*Human relation*，
　　No. 7，1954.

Tajfel H.，*Differentiation between Social Groups*：*Studies in the Social Psy-
　　chology of intergroup Relations*，London：Academic Press，1978.

Tajfel H.，"Social psychology of intergroup relations"，*Annual Review of
　　Psychology*，No. 33，1982.

Abrams D. Wetherell M.，"Cochrane S.，et al. Knowing what to think by
　　knowing who you are：Self-categorization and the nature of norm for-

mation, conformity and group polarization", *British Journal of Social Psychology*, Vol. 29, No. 2, 1990.

Rheingold, *The Virtual Commutity: Finding Connection in a computerized World*, Harper Collins, 1994.

John Clayton Thomas, *Public Participation in Public Decisions*, New Skill and Strategies for Public Managers, 1995.

J. Katz, "Birth of a Digital Nation", *Wired Magazine*, Vol. 5, No. 4, 1997.

Lipschultz, "Free Expression in the Age of the Internet: Social and Legal Boundaries", *Westview Press*, 1999.

Barbara A. Bardes&Robert W. Oldendick, "Public Opinion: Measuring the American Mind", *Wadsworth Thomason Learning*, 2000.

Michael J. O'Neil, "Media Power and Dangers of Mass Information", *Nieman Reports*, *Harvard University*, Vol. 54, No. 1, 2000.

Salwen M. B, "Online News and the Public", London: Routledge, 2005.

Barbara Bardes, Robert Oldendick, "Public Opinion: Measuring the American Mind", *Thomson/Wadsworth*, 2006.

Vinokur A., Burnstein E, "Effects of partially shared persuasive arguments on group induced shifis: A group problem-solving Approach", *Journal of Personality and Social Psychology*, 2008.

Abbott Lawrence Lowell, "Public Opinion and Popular Government", *Biblio Bazaar*, 2011.

Shu Hui Feng, "Research on Network Public Opinion Monitoring Based on Matrix Theory and Mathematical Statistics", 2013.

Kenneth O. St. Louis, Mandy J. Williams, Mercedes B. Ware, et al., "The Public Opinion Survey of Human Attributes-Stuttering (POSHA-S) and Bipolar Adjective Scale (BAS): Aspects of validity", 2014.

Shumin Su, "Influence of network public opinion on China's diplomatic decision-making", Vol. 3, No. 1, 2015.

Na Xie, "Exploration of the Cultivation System of College Students' Network Opinion Leaders from the Perspective of Micro Media", Vol. 9, No. 16, 2018.

Feng Chengchen, Xu Bingqing, Wang Xingyu, "Analysis of the Guiding Path of Network Public Opinion of Ideological and Political Education in Colleges and Universities under the New Media Environment", Vol. 3, No. 4, 2019.

Yan Wu, Yujiao Song, Fang Wang, et al. , "Online Public Opinion Guidance Strategy for College Students in the Era of We Media", Vol. 7, No. 12, 2019.

Huang Yi-ning, "Research on College Students'Network Expression—From the Perspective of Conflicting Expression", Vol. 9, No. 3, 2019.

Qingjia Wang, Kun Liu, Kun Ma, "Emotional Analysis of Public Opinions in Colleges and Universities: Based on Naive Bayesian Classification Method", 2019.

图书在版编目（CIP）数据

网络群体互动的机制及引导策略／杨宇辰著.
北京：社会科学文献出版社，2025.2. -- ISBN 978-7
-5228-5139-6

Ⅰ.TP393.4

中国国家版本馆 CIP 数据核字第 2025D8E582 号

网络群体互动的机制及引导策略

著　　者／杨宇辰

出 版 人／冀祥德
责任编辑／岳梦夏
文稿编辑／茹佳宁
责任印制／岳　阳

出　　版／社会科学文献出版社·马克思主义分社（010）59367126
　　　　　地址：北京市北三环中路甲 29 号院华龙大厦　邮编：100029
　　　　　网址：www.ssap.com.cn
发　　行／社会科学文献出版社（010）59367028
印　　装／三河市尚艺印装有限公司

规　　格／开　本：787mm×1092mm　1/16
　　　　　印　张：10.75　字　数：145 千字
版　　次／2025 年 2 月第 1 版　2025 年 2 月第 1 次印刷
书　　号／ISBN 978-7-5228-5139-6
定　　价／79.00 元

读者服务电话：4008918866